哈佛凌晨四点半

秦泉 编著

成都地图出版社

图书在版编目（CIP）数据

哈佛凌晨四点半 / 秦泉编著. -- 成都：成都地图出版社有限公司，2020.4（2025.5 重印）

ISBN 978-7-5557-1451-4

Ⅰ. ①哈… Ⅱ. ①秦… Ⅲ. ①成功心理 – 青少年读物 Ⅳ. ①B848.4-49

中国版本图书馆 CIP 数据核字（2020）第 051611 号

哈佛凌晨四点半

HAFO LINGCHEN SIDIANBAN

编　　著：秦　泉
责任编辑：游世龙　高　利
封面设计：松　雪
出版发行：成都地图出版社有限公司
地　　址：成都市龙泉驿区建设路 2 号
邮政编码：610100
电　　话：028-84884648　028-84884826（营销部）
传　　真：028-84884820
印　　刷：三河市泰丰印刷装订有限公司
开　　本：880mm×1270mm　1/32
印　　张：6
字　　数：136 千字
版　　次：2020 年 4 月第 1 版
印　　次：2025 年 5 月第 7 次印刷
定　　价：36.00 元
书　　号：ISBN 978-7-5557-1451-4

前　言

　　美国哈佛大学是位于美国马萨诸塞州波士顿城的一所私立大学，1636 年由马萨诸塞州立法机关创办，是美国历史最悠久的高等学府，也是北美第一家和最古老的法人机构，还是常春藤盟校成员之一。 现今，哈佛大学是一所在世界上享有顶尖学术地位、声誉、财富和影响力的高等教育机构，并获誉"美国政府的思想库"。

　　哈佛大学被誉为高等学府王冠上的宝石，300 多年间，先后培养出多位美国总统、诺贝尔奖获得者、普利策奖获得者，以及数以百计的世界级财富精英，为商界、政界、学术界及科学界贡献了无数的成功人士和时代巨子。 哈佛学者云集，人才辈出，教与学相辅而行，是实至名归的世界超一流的高等学府。

　　哈佛学子的成功，正是哈佛人生哲学教育的硕果、素质教育的结晶。 哈佛教育的一大核心理念，就是让每个学生都学会经营自己的卓越人生。

　　也许，你并不能亲身前往哈佛这个学习圣殿中获取知识，但是，翻开手边的这本《哈佛凌晨四点半》，你将收到哈佛送给你的珍贵无价的礼物。

　　向哈佛学子学习，你要学会抓住机遇。 机遇是实力的展示台，机遇是成功的最后一步，也是最关键一步。 谁把握好机遇，谁就是财富的拥有者。 人与人之间的差别，就在于是否抓住了身边的机遇。 最有希望成功的人，并不是能力最出众的，而是那些最善于做好充分准备并利用好每一次机遇的人。

向哈佛学子学习，你要学会制定目标。 目标决定人生。 人的一生不能没有一个明确的目标和方向。 若一个人心中没有一个明确的目标，就会虚耗精力与生命，就如一辆没有方向盘的超级跑车，即使拥有最强有力的引擎，最终仍是废铁一堆，发挥不了任何作用。 目标与方向主导了我们一生的命运与成就，是驱使人生不断向前迈进的原动力。

向哈佛学子学习，你要学会控制自己。 成功来自严格的自控。 自控力是指一个人在意志行动中善于控制自己的情绪，约束自己的言行，主要表现在两个方面：一方面使自己在实际工作、学习中努力克服不利于自己的恐惧、犹豫、懒惰等；另一方面应善于在实际行动中抑制冲动行为。 自控力几乎是一个人取得各种成功的通用技能。

向哈佛学子学习，你要学会管理时间。 上帝给予我们每一个人的时间都是相同而有限的，但是成功的人往往能够把相同的时间使用得更有效率，把每一分钟都充分利用好。 不浪费一分钟，就意味着比别人多一分钟去学习、去争取成功。

向哈佛学子学习，你要学会创新，突破思维的局限。 没有创新就缺乏竞争力，没有创新也就没有价值的提升。 我们每个人所接触到的事物大多相同，但是做出的反应却不尽相同，这就是于每个人的思维不同的缘故。 只有突破思维的局限，不断创新变通，才能看到别人看不到的事物和机会，化腐朽为神奇。

向哈佛学子学习，你要不断学习，积累知识经验。 学习是对未来的投资。俗话说得好：知识改变命运。没有一个优秀或成功的人是没有一点知识的人。学习使人变聪明、变明智、变成熟。学习就是在为自己的未来发展投资、打基础。

向哈佛学子学习，你要马上行动，不要让拖延症毁了你。现代人都有一个弊端，习惯了把事情拖着放着直到最后一刻才去干、才去赶，这就是拖延症。拖延症不是病，而是一种心理懒惰，它直接导致了办事马虎、无质量。优秀的哈佛人才，是具有强效的行动力的，绝不拖延。

向哈佛学子学习，你要培养专注力。在我们的学习过程中，注意力是打开我们心灵的门户，而且是唯一的门户。门开得越大，我们学到的东西就越多。而一旦注意力涣散了或无法集中，心灵的门户就关闭了，一切有用的知识信息都无法进入。正因为如此，法国生物学家乔治·居维叶说："天才，首先是注意力。"非凡的注意力造就非凡的人才。

向哈佛学子学习，你要学会自信。自信是让你成功的力量，没有信心，成功的机会就会少些。生活需要自信心：现实是残酷的，没有自信心是难以生存的；道路是坎坷的，自信心能帮你顺利地走下去；希望是渺茫的，自信心能让你看到美好明天。自信心对一个人来说是十分重要的精神支柱，也是人们行为的内在动力。

向哈佛学子学习，你要努力勤奋。勤则天下无难事。认认真真，努力干好一件事情，不怕吃苦，踏实工作，那么世界上便没有所谓的难事了。塞缪尔·斯迈尔斯说："如果你是天才，勤奋将使你如虎添翼；如果你不是天才，勤奋将使你赢得一切。"不勤奋而梦想一步登天，无异于自掘坟墓！勤奋，可以让你的人生有一个好的结果！

本书用通俗易懂的语言、感人心脾的故事和实际有效的例证，把哈佛送给青少年的礼物呈现在读者面前。

现在，不管你身在何处，欢迎你的心灵加入哈佛！

2020 年 3 月

目 录

第九章　哈佛大学送给青少年的第九份礼物：充满自信

第一章

哈佛大学送给青少年的第一份礼物：抓住机遇

于变化中预知机遇

著名管理大师彼得·德鲁克将创业者定义为那些能"寻找变化，并积极反应，把它当作机会充分利用起来的人"。

对于一个想成功创业的人来说，要能准确地预测出市场当前和以后的需要，看清市场发展的趋势，走在市场供需变化的前头。

网络书店亚马逊公司的创始人是杰夫·贝佐斯。这位古巴移民的后裔凭借超人一等的目光，在短短几年内，从无到有，使亚马逊公司成为世界最大的网上书店。他本人也成为比尔·盖茨式的美国新一代超级富豪，身家过万亿美元，创造了又一个"美国神话"。

杰夫·贝佐斯是个富有创造力的人。3岁时，他手拿螺丝刀，试图把自己睡的摇篮改造成一张大人的床。懂事以后，他一直梦想成为一名宇航员或物理学家，飞机模型和太阳能灶等实验器材摆满了他的房间。高中时的贝佐斯筹建了鼓励创造发明的"梦研究所"，并鼓动伙伴们积极参与，初次显露了他成为企业家的潜能。在普林斯顿大学获得电子工程与计算机科学学士学位后，贝佐斯成为华尔街一家投资基金的副总裁，负责对网络科技公司的投资。

一次，他被一份互联网发展报告吸引：当年互联网用户增长2300%。以注重数据出名的贝佐斯从这个数字中看到了汹涌的互联网潜流，以及这一革命性的信息传播浪潮将带来的无限商机。为此，他决定在网上开办一个商店。他列出了20种可能在互联网上畅销的产品，通过认真地分析，他选择了图书。因为他认为图书属低价商品，易于运输，而且很多顾客在买书时不要求当面检查一下。所以，如果促销有力，就能够激发顾客购买图书的欲望。况且在全球范围内，每时每刻都有400多万种图书正在印刷，其中100多万种是英文图书。然而，即使是最大的书店也不可能库存205万种图书。从这里，贝佐斯发现了图书在线销售的战略机会。

1994年，深切体会到网络市场巨大机遇的贝佐斯出人意料地放弃了条件优越的工作，来到西雅图，于1995年7月在自家的车库里建起了网上图书销售公司——亚马逊，这个名字与世界流量最大的河同名。

创建之初，亚马逊就呈现出神话般的增长势头，如今亚马逊已经跻身世界公司500强。

亚马逊公司通过以新的销售模式出售传统的书籍而赚取大把钞票。后来包括庞诺书店在内的许多竞争者也建立了网上书店，但他们已是在亚马逊会"跑"的时候刚刚开始学"爬"，因而竞争力远远不如亚马逊公司。

事业成功的人都遵循一个潜规则，那就是：人无我有，人有我先。在国际互联网飞速发展之际，看出人们未来的需求，走在市场供需变化的前头，这些造就了杰夫·贝佐斯等一大批美国网络英雄。

在社会发展一日千里、速度日益加快的今天，变化是市场的主流。因而，对于创业者来说，预测市场的变化走向显得十分重要。泰国正大集团总裁、华人企业家谢国民曾讲过自己成功的秘诀："我每天的工作中，有95％是为未来5年、10年、20年做预先计划。换句话说，我是为未来而工作。"的确，如今的社会日新月异，只有对事物的发展变化的趋势与远景做到了然于胸，才能在事业上占据先机。

1994年，当时任贝恩公司中国区总裁的甄荣辉需要招募新人，他先在一份英文媒体上刊登了招聘信息，但效果很差。后来，经北京同事指点，他选择了北京人爱看的一份当地报纸，结果反馈很好。但甄荣辉自己却感到当时报纸的印刷质量太差。当时香港的《南华早报》每周有多达200多页的招聘专版，人力资源市场十分活跃。但是，比香港人口还多的北京却没有这样一份专业的招聘报纸。他隐约看到了人力资源市场的巨大空间。

到了1998年，中国内地的人才交流市场日趋活跃，无论是用人单位还是求职者个人，他们迫切需要一个更专业、定位于白领青年的招聘渠道。甄荣辉看到这些变化，知道人力资源市场已经成熟，可以大干一番了。于是，甄荣辉和他的创业伙伴成立了一家人力资源服务公司。甄荣辉经人介绍，和《中国贸易报》合作，首先在北京推出了《中国贸易报·前程招聘专版》。北京《前程招聘专版》的推出，获得了很大成功，受到了企业以及求职者的普遍欢迎。受到北京市场的启发与鼓舞，甄荣辉和他的创业团队开始在全国复制北京模式。在五年的时间里，在全国 19 个城市与当地媒体合作，推出了针对当地市场的《前程招聘专版》。

1999 年，互联网经济正在全球兴起，网络给甄荣辉带来了新的机遇。顺应社会发展潮流，1999 年 1 月，甄荣辉在上海推出了 career-post. com 网站，当然内容只能算是《前程招聘专版》的电子版。1999 年年底，网站也因此易名为前程无忧招聘网。

因为中国的人才市场正处在发育阶段，同时甄荣辉的前程无忧招聘网给人们带来了极大的便利，所以前程无忧招聘网得以随着中国人才市场的成熟而成长。2002 年，前程无忧招聘网营业收入增长了 25 倍。如今，前程无忧招聘网已成为中国最大的招聘网站之一。

任何事业的成功都离不开市场的需求，而市场的需求往往是因为一些变化带来的，如：居民收入水平的提高，私人轿车拥有量的不断增加，会派生出汽车销售、修理、配件、清洁、装潢、二手车交易、陪驾等诸多创业机会；随着电脑的诞生，电脑维修、软件开发、电脑培训、图文制作、信息服务、网上开店等创业机会也随之而来。

对于一个老企业来说，新的变化意味着某种改变；对于一个新兴的企业来说，新的变化意味着新的机遇。 及早发现尚不明显的发展趋势与潜在的可能性，是赢得市场的关键。

英国作家培根也强调："善于在一件事的开端识别时机，是成功者区别于失败者的一个方面。"对于大多数人来说，要想开创一番事业，就必须学会预测、掌握事物发展的趋势，从潮流的变化中捕捉创业的机遇。

在思考中挖掘机遇

人不怕口袋空空，只怕脑袋空空。只要肯动脑筋，垃圾也能变成黄金。也就是说，真正的财富不是口袋里有多少钱，而是脑袋里有多少东西。

在 IBM 全世界管理人员的桌上，都摆着一个金属板，上面写着"Think"。这个词是 IBM 创始人华特森提出来的。一次，在他主持的销售会议上，气氛沉闷，无人发言，于是，华特森在黑板上写了一个很大的"Think"，然后对大家说："我们共同缺的是对每一个问题充分地去思考，别忘了，我们都是靠脑筋赚得薪水的。"从此，"Think"成了华特森和公司的座右铭。

思考是认识世界的工具，也是改造世界的基础。人与人之间存在能力强弱、贡献大小之分，很重要的一点，就在于善不善于思考问题。

一位富商在临终前，见窗外的市民广场上有一群孩子在捉蜻蜓，就对他三个未成年的儿子说，"你们到那儿去给我捉几只蜻蜓来吧，我许多年没见过蜻蜓了。"

为了满足父亲的愿望，三个儿子都出去捉蜻蜓了。

不一会儿，大儿子就带了一只蜻蜓回来。富商问："怎么这么快就捉了一只？"大儿子说："我用你给我的遥控赛车换的。"富商点点头。

又过了一会儿，二儿子也回来了，他带来两只蜻蜓。富商问："你怎么这么快就捉了两只蜻蜓回来？"二儿子说："我把你送给我的遥控赛车给了一位小朋友，他给我3分钱。这两只是我用2分钱向另一位有蜻蜓的小朋友租来的。爸，你看这是那多出来的1分钱。"富商高兴地微笑着点点头。

不久老三也回来了，他带来10只蜻蜓。富商问："你怎么捉那么多的蜻蜓？"三儿子说："我把你送给我的遥控赛车在广场上举起来，问，谁愿玩赛车，愿玩的只需交一只蜻蜓就可以了。爸，要不是怕你着急，我至少可以收到18只蜻蜓。"富商高兴地拍了拍三儿子的头。

同样都有一辆遥控赛车，大儿子通过与别人交换遥控赛车的方式换来了一只蜻蜓；二儿子通过卖掉遥控赛车的方式租了两只蜻蜓；三儿子却通过出租遥控赛车的方式得到了10只蜻蜓，同时遥控赛车还归属于自己。不同的思维方式，产生了不同的效果，但显然善于动脑的三儿子办事的能力要强于他的两个哥哥。

想法改变人生，思考对于创业的人来说很重要。企业家们有句名言：不怕口袋空空，只怕脑袋空空。只要肯动脑筋，垃圾也能变成黄金。某银行的销售广告也强调了思考的重要性："真正的财富不是口袋里有多少钱，而是脑袋里有多少东西。"

的确，脑袋就是一个人的想法、观念，想要使口袋有钱，一定要先让自己有一个富有的脑袋。一个人贫穷，不是口袋贫穷，而是脑袋贫穷。一个人脑袋富有后，自然就能赚进许多财富，口袋也就会富有起来。

19世纪中期，美国有位名叫海曼的画家，他靠为行人画铅笔素描维持贫困的生计。由于街头行人较多，画稿纷乱，他经常陷入找不到橡皮的麻烦。怎么解决这个问题呢？他日思夜想，后来，他灵机一动，将橡皮用一小块铁皮绑在铅笔的后部，于是，世界上第一支橡皮头铅笔就这样诞生了。当海曼了解到别人也遇到了同样的问题时，他决心推广自己的发明以解决人们的不便。他将这一发明卖给了一家铅笔厂，获得55万美元，这在当时是一笔非常可观的财富，海曼由此摆脱了贫困的生活。而那家铅笔厂更是通过该产品获利千万美元。

格林伍德小时候也是一个爱动脑筋的人，他思考问题的方式常常与其他小朋友不同。15岁过圣诞节时，他得到了一双心仪已久的溜冰鞋。他高兴得皮帽子都忘了戴，就去屋外结冰的小河溜冰。可是几分钟后，他的耳朵就被冻得受不了，而戴上帽子却又热得满头大汗。格林伍德就想，全身上下只有耳朵冷，为什么就不能给耳朵做个套子呢？他跑回家，请妈妈给他做一副耳套。戴上棉耳套去滑冰，既可以使耳朵保暖，又避免了流汗。从此格林伍德就和他妈妈生产起耳套来。后来，他还申请了专利，办起了工厂，并因此成了百万富翁。

思考是成就事业的摇篮，许多科学成就也是源于思考。英国科学家牛顿曾对人说起自己成功的原因："如果说我对世界有所贡献的话，那不是因为别的，而只是由于辛勤耐久的思索所致。"

著名科学家爱因斯坦出生于德国的一个小镇上，少年时期并没有显露出他所具有的天赋。他开口说话很慢，以至于教师感到他"迟钝、愚笨"。实际上，阿尔伯特·爱因斯坦是个具有聪明才智的人。他勤于思考，在回答任何问题之前，总要反复考虑很多东西。

爱因斯坦学得越多，需要思考的东西也就越多，思考的东西越多，提的问题也就更多了。但是，他提的问题往往很奇怪，通常老师回答不出来，老师常常会因此满脸通红，感到他很奇怪。他在 12 岁时就已自学了几何学和微积分——那是两门难懂的课程，一般要在中学和大学才学。

后来，爱因斯坦对天体产生兴趣。为什么星星在天空中移动而不会互相碰撞？是什么将那些微小的原子组合在一起形成各种各样的物体？经过一番思考和研究，爱因斯坦意识到宇宙中的一切必有其内在的规律，大小物体均如此，并推算出一些依靠当时的仪器设备还无法观察得到的星体的存在，并被后来发达的科学技术所证实。

后来，爱因斯坦经过苦苦思索，力图解答诸如光、能量、运动、重力、空间和时间等方面令人费解的问题，并写出了具有重大历史意义的著作——《狭义相对论》。

机遇常常深藏在平庸无奇的偶然事件中，只要你善于调动智慧的精灵及时地捕捉它，机遇就会为你所有。英国学者埃德蒙·伯克认为："智慧不能创造素材，素材是自然或机遇的赠予，而智慧的骄傲在于利用了它们。"这就是说，有智慧的人善于发现和利用机遇，一个人只要富有智慧，总会找到属于他的"偶然性"或机遇。

一个人自呱呱坠地之后，上帝赐予他最好的财富，便是头脑。有的人勤于开动自己的脑筋，那么其创造新事物或解决生活问题的思路就比别人广阔，对事物的认识就比别人深刻或正确，因而，他们也比别人更容易成功。但是一些人不勤于动脑筋，使自己的脑细胞总处于沉睡状态，因而总是无法正确地认识事物，想不出独特的点子，也就无法挖掘出机遇了。

从空白处抓取机遇

市场空白点可能是财富的起点，要创业要善于捕捉市场空白点，从市场空白点来获取机会。

有一句古语说："人满之地常为患，无人区里任纵横。"意思是，在人多的地方，人容易拘束，感到不自由；在人少的地方，可以无拘无束，自由自在。这句话在商业中同样适用。

如果你从事比较受关注的行业的话，那么你就要面对相当多的对手，竞争自然就会很激烈；而如果你去从事一个刚起步或还没起步的行业，那么就不会有很多人跟你竞争，竞争的压力自然就会少些。因而，一个人要想创业成功，不仅仅要学会在一个热门行业保持自己的竞争优势，同时也要知道怎样在一个不受关注或没被人发现的地方开创自己的事业。

2001年大学毕业后，关琳来到一家四星级酒店工作。她的工作是为一位刚聘请来的法国大厨当助手。因为大厨维克多是个雪茄迷，业余时间外出散步时，维克多对关琳讲得最多的就是雪茄。在一次闲谈中，维克多告诉关琳，在欧美国家，雪茄几乎无处不在。每个酒店里都有颇具规模的雪茄专卖店和商务会所，朋友会请你到雪茄室抽一支；去酒吧喝酒，侍应生会给你递来雪茄单，毕恭毕敬地向你推荐"大卫杜夫""卡西亚维加"。可是在北京，想买优质雪茄却很困难。

听到维克多的"抱怨"，关琳忽然想到，北京少说也有十几万外国人，他们买优质雪茄如此困难，如果自己开一家雪茄专卖店，只要品种齐全，一定会大受欢迎的。

晚上，当关琳把自己想开雪茄店的打算告诉几位女性朋友时，她们都认为这是个好主意。但是，雪茄是一种"奢侈品"，比如：产自牙买加的"麦克纽杜"价格为250元，多米尼加的"大卫杜夫"价格是400元，还有的甚至上千元。开一家专卖店需要投资很多钱！到哪里去弄一笔启动资金呢？

第二天，当关琳愁眉不展时，维克多对她说："我虽然讨厌做生意，但对你开雪茄专卖店创业的大胆想法很感兴趣。如果可以的话，我愿意以入股的方式投资一部分钱。"关琳惊喜异常，没想到，这位法国大厨关键时候竟帮了自己的大忙！

于是，关琳辞去酒店的工作，在靠近北京使馆区的地方物色到一个门面，同几个懂行的朋友一起动手装修，忙活了两个多月。2002年3月，一家风格独特的优质雪茄专卖店开业了。这家店有30多平方米，很宽敞，招牌上没有中文，只有一行字母——Montecristo（蒙特），这是古巴雪茄中的一个著名品牌。内行一看就知道里面经营什么。

第一个月，关琳赚了近3万元钱。在外人看来这已经很不错了，可实际上除去昂贵的房租和多项日常开支，几乎没什么利润。第二个月仍在这个数字上徘徊，关琳十分着急。若如此发展下去，用不了多久"蒙特"就会关门。

关琳知道，雪茄对于中国人来说，还没有太大的吸引力，其顾客主要是驻京的外国人。为了让更多驻京的外国人了解"蒙特"，她特意向领事馆发函介绍"蒙特"，同时还在一些主流英文媒体上做广告。这个办法效果很好。很快，使馆区的老外都知道"蒙特"经营着品种极为丰富的高档雪茄。从此，每天都有许多穿着讲究、讲不同语言的洋人在店里进进出出。"蒙特"简直成了各国外交官的天下！

后来关琳根据顾客要求，又增加了酒水服务这个项目。因为不少外国人都喜欢边抽雪茄边品着威士忌、白兰地、人头马之类的洋酒。有的人还喜欢把雪茄放在威士忌酒里蘸一下，然后再拿出来点燃。他们围坐在特别舒适的休闲椅上，在若隐若现又无处不在的柔和灯光下，品着陈年美酒，听着抒情的爵士，品味着香醇的雪茄，谁能说这不是一种享受。通过采取这一系列措施，关琳的店从第四个月开始赢利，当月除去各项开支净赚2万多元。第五个月，这个数字猛然上升到4.6万元！

谈到今天的成功，关琳说："做生意要善于捕捉市场空白点，因为'冷门'往往蕴含着巨大的市场前景，而且，由于很多人还没发现或忽略了其中的商机，竞争相对来说不那么激烈。对于初做生意的打工妹来说，这就是一个很好的机会。谁能够把握，谁就会成功！"

对于商海中的人来说，市场空白点就是财富崛起点。对于一个创业者来说，要学会寻找市场空白点，找准市场空白点，然后"乘虚而入""见缝插针"，这样就能创造出难得的商机，走向成功之路。

不满28岁的夏泓因所在工厂倒闭而下岗了，为了生活，她替人家卖过家电家具、服装布料、装饰材料等。口齿伶俐的她是一位有心人，不管卖什么，她都认真学习有关商品的一些知识，仔细研究顾客的消费心理，所以她卖货不但多，且能卖上好价钱。

一天，夏泓原单位的同事来求她帮忙买结婚用的家电，凭着她卖家电时的经验和对卖货者心理的了解，很快她就把3种家电的价格讲到了让同事满意的程度。当天走出商场，同事对夏泓说出了心里话："我先后3次走进这家商场都没把价讲下来，没想到你一出马，竟给我省了400多元钱。"这位同事拿出100元塞给夏泓，夏泓说什么也不要，同事却说："如果不是你帮着讲价，这400多元块钱可就白白让人家赚去了，这点钱算是我付你的讲价费吧！"

拿着100元钱，想着同事的话，夏泓来了灵感：是啊，现在好多人对商品不是很了解，买东西总是买不到称心如意且价格实惠的商品。如果自己开个讲价公司，不是很有市场吗？说干就干，几天后，夏泓开办了属于自己的公司，并在当地电视台做起了广告。

广告打出的第二天，就有几个客户找上门来。凭着良好的商品知识和销售经验，她总能把商品的价格讲到令顾客满意的程度，然后收取一定的服务费，这样她每天收入都在80元以上，最多的一天她接待了9位顾客，净赚了400多元。

两个月下来，她赚了近万元。后来夏泓又招收了几位口齿伶俐的下岗大嫂，扩大了服务部的规模，正经八百地做起了"砍价老板"。

要想在商海中取得成功，就要学会分析市场，研究市场，善于从市场的空白点或薄弱的地方获取创业的机会。不过，要想在市场的空白点有所作为，还要避免一味随大流，否则就容易使自己的经营变得被动和盲目，导致生意失败。

风险就意味着机遇

在这个充满机遇与挑战的年代，风险与机遇总是并存的，风险越大，机遇带来的价值就越大。

1899 年，约瑟夫·赫希洪出生在东欧拉脱维亚的一个村子里，他是家中 13 个孩子中的第 12 个，幼年丧父。6 岁那年，在母亲的带领下，他们搭火车，乘轮船，经过长途辗转，最终来到了美国纽约市的布鲁克林。母亲和姐妹们租了一间房子，开始了极为辛酸的生活。

因为生活在贫民区里，赫希洪从小就十分明白钱对于他们的重要性。在他还是小学生的时候，有一回，他偶尔从纽约证券交易所旁边走过，听人说，这里是世界上最有钱的地方，他马上就被迷住了。他的眼睛突然睁大了，站在窗外看着人们打着各种各样的手势，就像说哑语一样，他咬着牙齿发誓："我一定要到这里来！"

3 年后，赫希洪果然来到纽约证券交易大厦，当时他只有14 岁。可是他的运气不是很好，因为那是 1914 年，第一次世界大战已经开始，可是他不知道这些，他想在这里落脚谋生。

后来，他艰难地在爱默生的留声机公司找到了一份在中午的时候还要为总机接线的工作。

他在这里老老实实地干了半年，一天，他很莽撞地向总经理韦克夫提出要求，他更喜欢做的工作是画股票曲线图和制图表。韦克夫居然答应了他的要求，从此他与股票沾上了边，成了一个股票制图员。

经过 3 年的努力，他成了一个专业的股票制图员，对股票的买卖有了很深的了解。就在 17 岁那年，他给母亲买了一幢房子，一家人的生活终于有了好转。可是好景不长，一次股市狂跌，他买进了一家钢铁公司的股票，最后赔得一分不剩，他几乎成了穷光蛋。

那次失败给他上了一堂深刻的股票课。他决定再也不炒股票了，他看到数以百计的富翁一夜之间变成了乞丐，冷汗就不停地往下滴。他虽然不敢再进入股市，但是也不能坐吃山空，他来到了加拿大的多伦多，成立了赫希洪公司。

他在多伦多的《北方矿业报》上面看到了一则开矿的广告，里面鼓动性的词语让赫希洪动心了，他认为这是一本万利的生意。他根据广告的指引，来到了报纸上所说的地方。

他经过仔细考察，找到了下一个目标：同那尔金矿。这座金矿是两个叫拉班的兄弟合开的，当时还没有挖到金子，而且他们资金已经枯竭，赫希洪相信这里一定可以挖到金子，于是决定冒一下险。他用 0.2 美元一股的价格买进了 60 万股。

几个月之后，这座金矿开始出金子，股票也开始上升。赫希洪就悄悄地把自己的股票卖了出去，等他的 60 万股全部卖完的时候，这座金矿的股票跌到了每股 0.94 美元。不到半年的时间，他就净赚了 100 多万美元。

赫希洪就这样不断地折腾，很多人的钱都流进了他的腰包，他最终成了亿万富翁。

对于一个人来说，不敢冒险就不能发展。如同乌龟走路一样，乌龟伸出脖子可能会遭到敌手的袭击，但是它只有伸出脖子才能前进。不愿意冒风险，实际上就是躲进避风港，甚至会像缩头乌龟一样走向死路。

世界电脑销售大王戴尔总裁经常这样教导员工："生活就是一系列的尝试和失败，我们只是偶尔获得成功。重要的是不断尝试并学会冒险。"

对于敢于冒险的人来说，没有风险就是危险。世上没有十拿九稳的事，当一个机会来到你的面前，你就应该勇敢地去闯一闯，而不是担心失败而放弃。如果去闯一闯，你有可能成功；如果畏缩不前，你就永远没有成功的可能。

20 世纪 90 年代，打火机的零部件"电子"突然奇缺，温州威力打火机公司的老板徐勇水只身到广州向垄断"电子"的境外厂商进货。为了筹措购买资金，他跟在广州做生意的温州人借钱，做出"借 5 万元，一周后还 6 万"的承诺，一天之内几百万元奇迹般凑齐。正是他的这一举动，挽救了整个温州打火机行业，同时让他一次性赚取三四百万元！

成功往往蕴藏于风险中，而危险往往就伺伏在"风平浪静"的背后。

1993 年之前，周成建还在温州妙果寺市场里，以前店后厂的方式加工服装销售。当时的市场可是全国屈指可数的服装源头市场，货品如山，人流如潮。就在摊主们每天笑呵呵地大把大把赚钱的时候，周成建却出人意料地撤出市场，将所有的资金"砸出去"创建美特斯·邦威公司。周成建后来这样解释自己当时的决定：市场上每家摊位都是自己加工服装销售，规模小不说，而且没有品牌，对顾客的吸引力会渐渐减弱，市场迟早是要关门的。事实证明他的预见没错，如今，妙果寺市场早已撑不下去了，改成了花鸟虫鱼市场，而周成建的公司则成了全国休闲服生产销售名牌企业之一。

法国作家纪德曾说："若不先离开海岸，是永远不可能发现新大陆的。"风险与机遇如同一个硬币的两面，如果你害怕风险，那么你就会失去硬币；只有敢于承担风险的人，才有可能将硬币抓在手中。

把握机遇，事半功倍

懂得在生活中、工作上运用"顺手牵羊"的策略，可以让我们较好地完成任务，同时也让我们时常有意外收获。

把握住机遇，事情就会发展得很顺利，有时甚至能有意外的收获。

有一次，前苏联的一个戴眼镜的男孩摔了一跤，把眼镜打碎了，镜片的碎玻璃刺进了他的眼睛，并剃伤了他的眼角膜。后来莫斯科外科手术研究所给他做了手术，清除了他眼中的碎玻璃，治愈了他的眼角膜所受的伤。

手术之后，出现了令人惊异的奇迹。这个男孩的视力比受伤前有了明显的提高，竟能看清他本来根本看不清的视力表上最后一排的符号。后来医学家们分析，这是因为在取出眼镜碎片的手术中，意外地改变了这个男孩眼角膜的弯曲度，从而使这个男孩的视力有所提高。费奥多洛夫博士也由此发明了通过改变眼角膜的弯曲度来治疗眼睛近视的新技术，使得亿万近视患者恢复视力成为可能。

费奥多洛夫博士发明治疗眼睛近视的新技术，可以说纯粹是意外收获，但是却对社会有着十分积极的作用，给亿万近视患者带来了福音。因而，一个人应该在思考和着手解决某个问题的过程中，看一看是否能获得一些其他的启示。

兰强是某乡镇农机厂的工人，1998年下岗后回到农村老家做生意，可是赚的钱还不足以维持家庭的日常生活开支。当时，整个乡镇的生活水平逐年有了提高，不过生活垃圾也越来越多，人们不堪其扰，纷纷抱怨居住环境越来越差。

于是，热心的兰强自告奋勇当起了清理垃圾的人，一心想给邻居和自己一个好的居住环境。此时，在外地打工的弟弟来信提醒他，在农村办个废品回收站也许能赚钱，理由是：生活垃圾里面有很多还有利用价值的物品，可是目前农村回收废品的人却很少。

　　弟弟的提醒使他眼前猛地一亮，于是，他二话没说，在乡镇农贸市场旁边租了一间店面房，走村串巷，回收各种废旧物品。一方面能保护环境，一方面也能挣点钱。每逢乡镇赶集日，老乡们也把废弃不用的日用品卖到他的回收站。店里人手不够，他就雇用了几个临时工，把回收来的物品分门别类，包装好，捆绑好，运往外地的旧货市场或相关的工厂，对废品进行加工、改造、利用。有时，他把回收来的家用电器请师傅重新修理好，卖给需要的顾客。

　　几年后，回收站的生意越来越红火，一个店面不够，他就租赁了3个。3年间，除上缴国家有关税收外，靠回收站获利30多万元，平均每年获利10多万元。现在他心中有个想法：要到全县各个农村乡镇去办废品回收站，人手不够就雇用一批下岗职工。这真可谓是一举数得，利国利民。自己不光赚了钱，也解决了部分下岗工人的就业问题，同时还保护了乡村居民的生活环境。

在做某事的时候，如果能和别人的事结合起来，那么就往往能一举数得，兰强的成功之处就在于此。 在现代社会中，很多人在商业中也加强了这个方法的运用。 比方说，举办体育赛事，本是为了竞技较量，但是往往有很多商家看中它的人气，因而就想冠名、赞助，这就会给举办方带来丰厚的收入。

在生活中，我们可能都有这样的感受：在条件不成熟的时候要说服别人去做某事很难，但是一旦通过行动打消了别人的疑虑，就会很容易说服别人。

从前，山林中住着一群金丝猴。金丝猴长得比普通猴子漂亮多了，它们生活在高山的大树上。金丝猴像普通猴子一样，也是极讲团结、极讲集体观念的。草地上离猴群最近的群体是牛，它们就住在山脚下，猴王在山上将它们观察得一清二楚。

俗话说远亲不如近邻。猴群和牛群没有根本的利害冲突，相互亲近，这使它们的生活都增添了无穷的乐趣。然而，最让猴王生气的是"群牛无首"，好似一盘散沙。每当狼向牛群发起攻击的时候，群牛总是四散逃去，老弱病残者和孩子们总是落在后头，狼若是追上了哪头牛犊子，也只有它的母亲回头解救，势单力孤，成功率极低。猴王觉得奇怪，为什么它们不能群起而攻之呢？如果是那样的话，再凶恶的狼也是不会成功的。

猴王觉得牛实在是太笨了，作为邻居，它有责任去启发它们、引导它们。于是，它把自己的想法向所有的金丝猴说了，群猴十分赞成。大王子踊跃报名，说它愿做使者，去教化群牛。猴王答应了。

大王子高高兴兴地下了山。它原想见到群牛之后，慷慨陈词一番，群牛点头，选出首领，团结一致，对付恶狼也就罢了，没想到这群牛个性太强，毫无集体观念。大王子讲得口干舌燥，最后问群牛："狼再来了怎么办？"群牛回答的还是那个字："跑。"

大王子被弄得哭笑不得。正这时，忽然一只山羊急急忙忙前来求救，它说："大灰狼正在追赶我们的羊群，希望牛大哥能前去解救。"听了山羊的话，牛群一动也不动，金丝猴大王子推推这个，拉拉那个，毫无效果。它只好拉着报信的山羊说："走，听我的，一定能战胜大灰狼。"

山羊和金丝猴的大王子抄近路截住了飞跑的羊群。大王子高声喝道："别跑了，再跑下去死路一条。现在听我指挥，掉头，壮年羊在前，其余在后，用你们的利角勇猛地抵向恶狼，大家一齐冲上去。"正不知如何是好的一大群壮年山羊，听了金丝猴大王子的话，仿佛一下子有了主心骨，一齐转回头奋力向狼扑去，吓得恶狼左躲右闪，仓皇逃去。

这时，牛群也跟着跑了过来，它们亲眼看到金丝猴大王子指挥羊老弟战胜了恶狼，受到了极大的鼓舞，纷纷表示：羊老弟能做到的，我们也一定能做到。大家一致要求大王子详细地讲一讲。金丝猴大王子跳上一块高地激昂地说："你们以前吃亏就吃在了'群牛无首、群羊无首'上。以后你们要选一个首领，一切行动听指挥，平日里要有站岗放哨的，有敌人来的时候，要群起而攻之。做到了这一点，别说是恶狼，就是猛虎也拿你们没有办法。大家记住了吗？"

"记住了。"群牛、群羊回答得十分响亮。大王子圆满地完成了父王交给它的任务。

把握机遇，可以让我们较好地完成任务，同时也让我们时常有意外收获，故而我们应该懂得在生活中、工作上运用这个技巧。

第二章

哈佛大学送给青少年的第二份礼物：锁定目标

没有目标的人生是一片荒芜

哈佛作为世界知名的学府，它传达给学生的一个重要人生理念是：你的目标越高远，你所取得的成就也会越大。它要求哈佛学子要有长远的眼光，学会为未来投资。而要投资未来，就要定好未来的投资方向，也就是要及早地设定人生目标。没有目标，就谈不上发展，更谈不上成功。

哈佛大学曾做过一个非常著名的关于目标对人生影响的跟踪调查，调查对象是一群在智力、学历和环境等方面条件相差不大的年轻人。调查发现：在这些年轻人中，27%的人没有目标，60%的人目标模糊，10%的人有着清晰但比较短期的目标，3%的人有着清晰而长远的目标。

25年后，哈佛再次对这群学生进行了跟踪访问，发现他们的现状及在社会阶层中的分布状况非常有意思：3%拥有清晰而长远目标的人，在25年间朝着一个方向不懈努力，几乎都成了社会各界的成功人士，其中不乏行业领袖和社会精英；10%拥有清晰而短期目标的人，他们的短期目标不断地实现，在不断的积累下，已经成为各个领域中的专业人士，大都生活在社会的中上层；60% 目标模糊的人，他们安稳地生活与工作着，但都没有什么突出的成绩，几乎都生活在社会的中下层；剩下的 27% 没有目标的人，他们的生活没有方向，过得很不如意。

这个调查生动地说明了成功在一开始仅仅是一个选择，你选择什么样的目标，就会有什么样的成就，它将影响你今后会拥有怎样的人生。

在人生的竞技场上，明确目标对于成功有着非常重大的意义。只有拥有了目标，你才会知道自己到底想做什么，你才能够竭尽全力地奔向目标，你的梦想才有可能变成现实。反之，没有确立明确目标的人，是不容易取得成功的，就像我们中的许多人，不乏信心、能力、智力，却在生活中一事无成，最根本原因就在于不知道自己到底要做什么，没有确立目标或没有选准目标，最终才在人生的竞技场上败下阵来。

有无人生目标，决定了一个人在人生道路上是否可以成功，是否可以幸福、快乐地生活。它既是我们努力的方向，也是我们获得成功的希望，若没有它，人生就会失去方向，陷入迷茫，前行的路上就会遭遇坎坷，甚至会感到绝望。有无人生目标，是伟大与平庸的最大区别。

美国前总统克林顿从法学院刚毕业时，曾突发奇想准备写一本书，并且设想该书的主要观点是："我们必须列出自己短期、中期和长期的生活目标，按其重要程度进行分类，例如 A 组最为重要、B 组次之、C 组第三。然后，在每一个目标下列出实现这些目标的具体行动。"而且，他还为自己的人生制定了一个 A 组的目标，就是："我要当个好人，娶个好老婆，养几个好孩子，交几个好朋友，做个成功的政治家，写一本了不起的书。"

自此，克林顿开始不断制定清晰明确的阶段目标去落实愿景，从而一步一步向梦想靠近。1973 年，27 岁的他从哈佛大学法学院毕业，回家乡阿肯色州州立大学担任教授。在那里，他的家族有深厚的人脉资源和影响力，有利于他从政。3 年后，他出任阿肯色州司法部长，并于 2 年后竞选州长成功，连任至 1992 年。在担任州长期间，为了扩大全国影响力，为竞选总统打下基础，他担任过美国南部经济发展政策委员会主席，兼任全美州长联席会议主席，并曾协助总统主持国家最高教育当局的工作。1990 年，他又当选为民主党最高委员会主席。1992 年，他当选美国总统。

30 年后，功成名就的克林顿显然认为自己已经实现当年定下的目标，唯有一点他不好意思自夸，调侃道："诚然，我是不是一个好人这一点，还得由上帝来判断。"

目标在我们的人生中如此重要，那么该如何制定？在人生的发展中，不可控因素太多，社会变化的速度这么快，要想制订出一个完整而精确的人生计划是不太可能的，所以我们必须随时准备面对出乎意料的情况——这些情况会引导我们走向未曾计划之处。如果非要确定一个非常死板、僵硬的目标计划，比如自己要在 20 年内成为一个资产超过 10 亿的企业家，然后倒推自己几年后应该拥有多少资产，多少年后会成为什么人等做法，这将会是非常不现实、也不科学的，没有任何人能保证你一定能如期实现目标。

因此，你所设定的目标和计划必须具有一定的弹性，僵化、教条式的目标计划是糟糕的，甚至比没有目标还糟糕。我们必须具备调适能力，从而达到可随时修正、改进目标计划的目的。

另外，要为自己确定一个终生不动摇的人生愿景，然后，根据愿景，结合实际情况，制定短期目标，并且全力以赴地去实现它。好比你的愿望是登上天界，为此你必须回到现实，先一块一块垒石头，造一座通天塔。任何宏伟目标的实现，都是依托在一个个小的阶段上的，要想实现你的愿望，你就要安排好眼前的生活，设定出一个个比较具体的目标。而这些具体目标的设立原则就是"我现在做的，能使我更接近最终目标"。如果你能造出通天塔，那么登上天界的愿望自然能够实现。克林顿就是一个很好的例子。从克林顿的事例中我们可以发现，他的职业愿景是"做个成功的政治家"，然后每两三年就实现一个阶段目标，直到成为总统。

当然，或许我们大多数人初出茅庐时大概都有这样或那样的自我期许或人生愿望，但梦想成真的却非常少。那是因为在人生的道路上，我们大多数人不是慢慢地将自己的目标舍弃了，就是渐渐让目标沦为了缺乏行动的空想。正如一位哈佛教授所说："人不能总是梦想着靠偶然的机会一举成功，坐等着好运降临在自己身上；唯有目标现实可行，并且身体力行地一步步接近目标，梦想才能变成现实。"

所以在设定目标时要注意，目标一定不能是空泛的。你不能整天喊着诸如"我想成为头号业务员""我想环游世界"或"我想在两年内赚到两百万美元"等口号，却毫无作为，这样目标肯定无法实现。

一旦确定好目标，你必须将这个大目标分解成每天、每周、每月的小目标。 也许要做到这些的确很难，需要很大的耐心、毅力、恒心。 但是，每当较小的目标完成后，你会更有信心去走下一步。 像克林顿那样，自从他立志要做政治家以后，就没有让"人生愿景"停留在幻想中，而是不断制定清晰明确的阶段目标去落实愿景，从而一步一步向梦想靠近。

　　哈佛告诉我们这样一个人生法则：远大的理想是你伟大的目标，远大的目标是成功的磁石。 仅仅拥有理想，你不一定能成功；但如果没有目标，成功对你而言就无从谈起。 每一个渴望成功的人，都应该从今天起就播下目标的种子。 有了目标，才能找到奋斗和前进的方向。 漫无目标地飘荡终归会迷路，而你身上本来拥有的潜能宝藏也终会因为疏于开采而逐渐贫瘠。

　　为目标而奋斗的过程往往是艰苦的，甚至还会遭受旁观者的冷眼，以及身边的各种压力。 因此，想要实现目标，我们就应该经得起寂寞，抵得住诱惑。 要知道，世界上没有人能随随便便成功，我们需要一步步地为自己的目标和理想去努力。

给你的目标制订计划

　　一个人没有目标，就没有动力，没有动力的人很容易碌碌无为。这样的人没有任何追求，当然就不可能成为成功的人。 但有了目标而没有计划，那也无从下手。 计划包含着一个人的希望与目标，包含了目标实现后的美好景象。 而这种前景和未来对一个人的鼓舞是难以估量的。 计划是人生的指南针，制订计划是实现目标的重要基础。

制订计划就是在我们所处的地方和我们想要到达的地方之间铺路搭桥，计划的制订与执行的好坏，往往决定一个项目的成败。

计划的意义非同一般：它能给你勇气，给你效率，给你能力，促使你突飞猛进。如想将自己培养成出类拔萃的人才，绝不应放松制订计划这一环。有了计划，就如同有了时间一样，我们的手中永远掌握着命运，而不是命运掌握着我们。我们的人生也会变得井井有条，而不再是浪费时光。伟大的志向造就伟大的人生，但要以把握住现在为前提。所以，计划对于任何人都非常重要。

计划可以让人明确自己的目标，鼓舞人的斗志。按照这样的计划，你可以预见目标的实现。

同时，计划可以驾驭生活，增强能力。

人们总是用自己以往的经验指导未来的生活。计划考虑的是未来，但它依据的是"过去"。一个好的计划必须顾及当前实际和个人的客观条件，在对"过去"经历的回忆中，在对当前客观情况的考察中，在对个人客观条件的分析中，不仅提高了自我认识能力，而且也锻炼和提高了对客观条件的认识能力。对在未来实施计划的过程中可能遇到的问题有了勇于面对的信心，才能更好地实现目标。

最重要的是，有了详细的计划，就可以合理地安排自己的时间，提高做事的效率。所谓效率，就是单位时间内做事的多少。有了计划，我们可以少走一些弯路、不必要的岔道，不至于做很多的无用功，也不至于不知道做什么而观望犹豫。计划中每一步的事情已经很详尽了，因此一般来说不会有大的错误，也就可以避免时间的浪费，从而提高了做事的质量，效率自然就会提高了。

同样，计划可以促使我们养成良好的行为习惯。心理学家告诉我们，一种习惯的养成，一般需要三周左右的有规律的持续锻炼与培养。只要我们在执行计划的前21天内能坚持按计划来实施，就可能使一个良好的行为习惯变为自觉行动。 在实际生活中，会遇到一些意外的情况扰乱你的计划，这时可以调整一下这一天的计划，但有时是不能调整的，要努力克服困难，保证计划的实施。

《孙子兵法》讲，失败的一方，是因为缺少周密计划。 计划周密，制胜因素多；计划不周密，制胜因素少。 何况根本不做计划，又怎么能取胜呢？

当然制订计划不是一件简单的事情，会花费很多的时间和精力。 不要吝啬制订计划的时间，因为磨刀不误砍柴工。

作为想要实现自己目标的人，你要给自己制订一个详细的计划，这是给自己搭建爬上高峰的梯子。

激活动力，瞄准目标

在自己的心里建一个加油站，直奔目的地，永不停歇。

一个人做事情，动力很重要。 人在达到一定层面或高度后，特别是获得梦想实现的满足感后，就会开始出现惰性。 这个时候就需要激活，也就是我们常说的受点刺激。 人生动力，无非是生存、享受、发展三种。 而其中最容易使人变得懒惰的就是从享受到发展的过程。

对于一个发展者而言，过去或现在的情况并不重要，将来想要获得什么成就才最重要，除非对未来没有设想，没有发展目标。

关于人类与其他动物的区别之处，我们普遍知道的是人类会制造和使用工具、人类可以进行复杂的思维活动等，这些当然都是对的。 但我们人类与动物的另一个区别常常被我们所忽略，这就是：只有人类生来就被赋予设想、梦想、希望和愿望以及实现它们的伟大的能力。也就是说，人会为自己设定一个发展目标，然后去努力实现它。

你可以为自己设立一个有价值的发展目标，在实现这个目标的过程中，你可以品味挑战和拼搏的喜悦，你还可以为发现了一个新的自我而感动。这是一切生物中，唯有我们人类才拥有的一项特权。更重要的是，这一发展目标会激活我们的内在动力。

心理学告诉我们，人真正追求的并非一种安逸的生活状态，而是朝着目标竭尽全力地努力，这才是一个人的真正价值所在。为了实现目标，耗尽自己的生命，是一个人最大的喜悦之一。而且，在实现它的过程中，会产生无穷无尽的动力。

一个人要想发展，要想成功，要想更好地生活下去，必须有一个发展目标。如果没有一个有价值的发展目标，你不可能拥有成功的人生。因为没有发展目标，你不知道你将去何方，所以，也就没有动力可言。

对于命运的主宰能力和程度来说，人在达到一定的发展层次之后，特别是进入了享受上的层次之后，就会开始出现"惰性"，这其实是非常正常的。因此，这个时候就需要进行"激活"，也就是刺激，强烈的刺激。要通过强烈的和有效的刺激，达到对人们的动力的调动与唤醒，消除惰性。发展目标就可以产生这个作用。

除了发展目标可激活内在动力之外，还有其他的一些因素是我们所必须考虑的。激发人们劳动或者创造的欲望，可以使人产生强大的动力。

有人曾经做过这样一个实验：他往一个玻璃杯里放进一只跳蚤，发现跳蚤立即轻易地跳了出来。再重复几遍，结果还是一样。根据测试，跳蚤跳的高度一般可达它身体的400

倍左右，所以说跳蚤可以称得上是动物界的跳高冠军。

接下来，实验者再把这只跳蚤放进杯子里，不过这次是立即同时在杯子上加一个玻璃盖。"嘣"的一声，跳蚤重重地撞在玻璃盖上。跳蚤十分困惑，但是它不会停下来，因为跳蚤的生活方式就是"跳"。一次次被撞，跳蚤开始变得聪明起来了，它开始根据盖子的高度来调整自己所跳的高度。再一阵子以后呢，发现这只跳蚤再也没有撞击到这个盖子，而是在盖子下面自由地跳动。

一天后，实验者把这个盖子拿掉，跳蚤不知道盖子已经去掉了，它还是按原来的高度继续地跳。3天以后，实验者发现这只跳蚤还在那里跳。

一周以后，这只可怜的跳蚤还在这个玻璃杯里不停地跳着——其实它已经无法跳出这个玻璃杯了。

现实生活中，是否有许多人也过着这样的"跳蚤人生"：年轻时意气风发，屡屡去尝试，但是往往事与愿违，屡屡失败以后，便开始抱怨这个世界的不公平，或是怀疑自己的能力。 他们不是不惜一切代价去追求成功，而是一再地降低成功的标准——即使原有的一切限制已取消。 就像"玻璃盖"虽然被取掉，但他们早已经被撞怕了，不敢再跳，或者已习惯了，不想再跳了。 人们往往因为害怕去追求成功，而甘愿忍受失败。

人生的动力，就是生存、享受、发展。 其中，动力最强大的是生存。 因此，激励人的动力并刺激使之加强是必需的，越发展越需要刺激。 在动力的激励上，要设法永远使之处在生存线这个层面上，永远不让他的生活享受处在稳定状态——可以享受，但就是不稳定、不保险、不安全——他就不得不努力，这种不稳定不是别的，就是一点——只要不努力就会摔下来；这种不安全也不是别的，而是职业与职位不保全。 竞争是随时存在的，这样才能迫使其好好工作，否则可能出现"生存危机"，至少也是"享受危机"。 竞争、诱导和回报的综合办法、系统组合，可以达到这个目的。 人是一种高级动物，高级动物也是动物，动物的激励方式有相同性。

记住：要想成功，必须激活自己的动力，消除自己的惰性。 重复强调自己的目标，不要动摇和改变，更不能降低，降低就意味着失去意义。 自我激励的方法，千万不要丢掉！

在自己的心里建一个加油站，直奔目的地，永不停歇。

找准自己人生的舞台

他从上海初到美国时，口袋里只有 20 美元。他一边在餐馆打工，一边学习，每天只能睡三个小时，全年没有一天休息。

就这样，他靠着勤奋和乐观站住了脚跟。

他在大学里是学化工专业的。站稳了脚跟的他当然不愿意一辈子在餐馆打工，他希望能找一份跟自己专业对口的工作。

可是，他每一次面试，都以失败告终。

在寻找工作的空闲，他看到电视上一个金融节目教投资股票，这一看，他就上瘾了。

就这样，没有任何金融知识的他，开始认真地学习金融知识，并开始炒了几次股票，挣了一些钱。

此时，他发现自己原来找工作数十次面试失败的原因，是自己并没有一心一意地希望得到那些工作。换句话说，他找工作只是出于养家糊口的目的，而那些工作并不是他感兴趣的。

他发现自己对金融行业有着特殊的兴趣的时候，便不顾一切地进入了这一全新的领域。

他进入新的领域后，干起工作来感觉有用不完的劲。他想，这才是能让自己充分发挥潜能的舞台。

事实上，他的确找准了自己的人生舞台。按照投资银行的惯例，一个刚进公司的职员要跻身高级管理层至少需要十二年，还要拥有 MBA 学位。而他，在没有 MBA 学位的情况下，只用了六年时间就做到了。

之后，他一路成为华尔街著名投资银行的高级经理、副总裁、董事、常务董事和副董事长。

没错，他就是从餐馆打工者到副董事长的唐伟！

唐伟的成功之路告诉我们：每一个人的潜能都是无限的，一个人要想成功，关键是要找到一个能充分发挥自己潜能的舞台。找准自己的人生舞台后，只要坚持不懈地向着自己的目标前进，就一定能取得成功！

如何快速地实现目标

很多人都有过类似的疑问：到底怎样做才能快速地实现目标？

事实上，这个问题我们在前面几节中已经明确地回答过了。现在，我们就把前面所讲的内容串起来，做一个系统的总结，而这也是快速达到目标的"妙方"。

1. 知道你的主要人生目标是什么

所谓的人生目标，应当是你终生所追求的目标，你生活中其他的一切事都要围绕着它而存在。要找到这个重心，就要问问自己："我是谁？我想在这一生中获得怎样的成就？临终回顾往事时，让我感到最满足的是什么？生活中哪一类的成功让我最有成就感？"

多问几次，多回答几次，记下你的所得，起初可能感觉意义不大，可多尝试几次后，或许你就能找到自己的终极目标了。

2. 用一个简单的句子表达出你的目标

在这一点上，职业的选择是你要重点考虑的问题。比如，你可以问自己："我现在做的事能够帮助我实现人生目标吗？"如果答案是否定的，那你可能要考虑换一份职业了。如果换工作不实际，那你可以再问自己："有没有一种方式能让这份工作与我的目标联系起来？"这个答案，很多时候都是肯定的。

3. 着手考虑人生规划中的具体细节

你需要有一个详细的职业发展规划，这个规划可以是三年计划，也可以是五年计划。不管它属于哪一种时间范围的计划，它至少要保证能回答下面的几个问题：

（1）要在未来的三年到五年内实现一些什么样的目标？比如，做到某一个职位，达到多高的薪资水平，在怎样规模的公司就职等。

（2）要在未来的三年到五年内掌握一些什么样的技能？比如，要掌握 CAD 制图，要会运用数据库，要学会一些必要的财务知识等。

这些问题的答案，会给你提供一份有关自己短期目标的清单，这样，你就知道接下来要做什么了。

4．策划一下如何达成上述的短期目标

就上面的短期目标而言，你需要回答自己这些问题：

（1）要通过什么方式来学习 CAD、数据库和财务知识？

（2）是否需要花一些资金去参加培训班？现在的资金是否充足？

（3）牺牲一些什么样的娱乐时间？

（4）身边的哪些人能够提供帮助？

（5）为了让自己顺利学习，需要排除哪些干扰因素？

5．把梦想变成切实的行动

可以说，在所有的步骤中，这是最难的一步，因为你必须抛弃所有的幻想，毫不拖延地开始行动。良好的动机，只是确立和实现目标的一个条件，但绝非全部。如果动机不能转换成行动，它就永远是一个空想，目标也只能停留在想象阶段。

至于行动的问题，我们不再赘述了。无疑要克服懒惰，认真踏实，全力以赴。在实现终极目标的过程中，难免会遇到各种诱惑，任何闪失和偏差都有可能让你远离既定目标。但是，不要因为这一点就放弃。谁都会犯错，只要能吸取经验教训，就是一种成长。而这种成长，对实现长远的终极目标而言，有益无害。

6．不断修正和更新人生的目标

当人生的某一目标达成时，别松懈，一定要继续更新目标，保持一种积极向上的精神。如果终极目标因为环境和条件的改变，很难按照既定方针继续下去时，不要轻易放弃，试着修正一下计划，让它尽可能切实可行。 如此，前面的付出才不会白白浪费。

总而言之，找到你最想实现的梦想，制订最切实可行的计划，全身心地投入到行动中，拖延的毛病就能得到巨大的改善。 因为梦想会让你充满激情，计划会让你思路清晰，行动会赋予你高效率。 当这三者都具备的时候，你还有什么理由拖延呢？

第三章

哈佛大学送给青少年的第三份礼物：严于自控

自控力的几种形态

在现实生活中，人们所表现出来的自控力的形态是多种多样的，每一种自控力都充满了对成功的渴望。

静态的自控力，或称积蓄起来的自控力，是人类力量之源。如同热量、阳光和生命都源于太阳一样，这种核心力量产生了各种各样的愿望和要求，它们都通过静态的自控力表现出来。

突发的自控力是大脑迅速支配所有力量的源泉。全部精神都集中于某一紧急的事情上，所有的意愿围绕着这件事情，并为之服务，由此而产生的力量简直无所不能。

坚韧的自控力需要有坚强的忍耐力，克服暂时的困难。有些人本来可能取得非常伟大的成就，可他有一个致命的弱点，那就是在适当的时候缺乏忍耐力而没有取得最后的胜利。从他对生活中某些事件的反应我们可以看出这一点。"该做的事情都已经做了，最后只剩下忍耐。"这条格言成了许多关键时刻成败与否的经验总结。关于自控力在这个阶段的作用，还是那句老话说得好："坚持就是胜利。"但是，这句话并没有包含所有成功的要素，要想取得最终的胜利，不仅要坚持，还要在一个目标上坚持下去，这样才能取得最后的胜利。

执着的精神需要自控力的自我激励。自我激励的自控力是生命之舟的舵手，它指引人生这艘小船勇往直前，不管前面风平浪静还是波涛汹涌，它都一直向前行驶，直至最终抵达目的地。

一个人，在坚持这种勇往直前、坚定不移的努力数年时间后，就可以应用自如地驾驭自己的自控力，从而实现普通人无法做到的事情。

尽管自控力有这么多的益处，但它需要坚忍不拔的精神对之加以很好的控制。这样说似乎与自控力本身自相矛盾，但事实上并不矛盾。发动机如果不加以控制，最终它不仅会变成一堆废铁，而且还会把其他机器零件全都毁掉。而想达到最快奔跑速度，必须经过严格的练习和学习一定的技巧才能达到。同样，对任何人来说，让人向前的动力、催人奋进的冲力、使人坚强的自控力都必须有所节制。能否对自身的自控力加以克制，关系着一个人最终是否能够取得成功。这就是所说的自我控制的自控力。

在很多情况下，自控力要发挥作用就得拒绝各种诱惑。甚至有些时候为了做出新的决策，实现一个更加切合实际的目标，需要终止所有正在进行的活动向后转并退步。所以在人的一生当中，往往需要迅速做出决断，需要在出现紧急情况后，集中所有的资源和力量，应对各种困难和障碍。这就是决断的自控力。

上面提到的几种形式的自控力，在行为处事中很多时候都有运用——不管这些事情是司空见惯的，还是不同凡响的。任何一个明白事理的人都会懂得，没有一种心理力量会像自控力这样能够为打算行动的人提供强大的动力。

比如，一个自控力强大的人说——"我一定要赢"。过了一段时间之后，他的这句话融入空气当中，飘散在风里，传遍四面八方，出现在夜晚的星空，闪烁在耀眼的阳光下，随小河流淌，伴着海洋歌唱，在静谧的深夜的睡梦中呢喃，在白天喧嚣的闹市里吟唱，自控力最终包围了他的整个身心。

在心理上，他已经具备了成功的本能。走路的时候，他再也不像瞎子一样没有自己的目标。他的信仰更加坚定，他用自己敏锐的双眼审视着所有正在发生的事情。如果良知和道德感认可了他的目标，那么，无论经历多少艰难险阻，最终一定会实现自己的目标。

冲动是对自己的惩罚

我们要牢记，生气并不是释放压力的好方式，不要因为一时冲动，而成了情绪的奴隶。不加掩饰地释放自己的怒火，这只是在消耗自己的生命而已。很多有成就的人都曾经反复告诫人们，千万不要被愤怒所左右。毕达哥拉斯说："冲动以愚蠢开始，以后悔告终。"我们都不想做愚蠢的人，更不想因冲动而悔恨，因此要学会控制自己的情绪，不要轻易动怒。生命很短暂，我们要去实现与追求的美好事物非常多，千万不要把时间和精力耗费在不值得的事情上，伤害了别人，也为自己带来终身遗憾。

有个犯人，因为杀人罪一审被判死刑。整个审讯的过程中，他都不发一言，使法官很生气。临刑前，法官问犯人："你还有什么要说的吗？"他只回答了一个字："杀！"法官一听大怒，连珠炮似的呵斥了他十几分钟……犯人静静地听完法官的训斥，然后平静地对法官说："法官大人，您肯定是个受过高等教育的文明人，听了我一句话都会如此动怒，而我只上过两年学，当我看到自己的老婆跟别的男人躺在一张床上时，我一气之下就将他们杀了！当时确实是太冲动了，没办法克制自己的冲动情绪，所以现在我很后悔……"

我们都是生活在社会中的人，不可能单独存活于世，生活中必然会有外界的变化影响着我们的心情，比如他人的言谈举止、自然环境的变化等，我们如果事事都表现得很冲动，不能以平和的心态来对待，就很难收获轻松与快乐。每个人都应该努力做自己情绪的主人，都应在关键时刻保持理智，即使当时没能控制好自己的情绪，也应尽力使自己在最短的时间内调节不良情绪、恢复理智，这样才能把伤害降到最低。

列夫·托尔斯泰说："愤怒使别人遭殃，但受害最大的却是自己。"人的情绪控制能力与学识高低并无直接关系，人在愤怒的状态下，难以保持冷静清醒的头脑，常控制不住自己的行为，做错事的概率就大大增加。假如失手伤人，害人害己，就会留下终生无法弥补的遗憾！所以我们要提高情绪自制力，关键时刻试着给激动和盛怒降温。动不动就愤怒冲动的人是幼稚的，因为他们无法自我驾驭情绪！

社会竞争日益激烈，快节奏的生活带来了沉重的压力，而内心脆弱的人无法承受这重压，因而导致悲剧的发生：对生活失去了希望，从楼上纵身一跃结束了自己的生命；承受不了工作或感情的失败，悲痛之下选择自杀来解脱。这些逝去的生命，让人感到痛心之余，不免让人想到，在物质条件匮乏的年代都能艰苦奋斗的人们，怎么到了衣食无忧的现在却轻易放弃了自己宝贵的生命呢？俗话说，冲动是魔鬼。当一个人冲动时，全部的注意力都集中在导致他冲动的这件事情上，只想"做之而后快"，对于自己的冲动可能造成的后果根本就没有时间去考虑。我们需要深刻的反省——面对困难和挫折要坚强，对待生活应更理性、更宽容，不要因为一时的冲动而造成不可挽回的伤害，给家人和朋友留下终生的遗憾。勇敢地承受挫折和打击、努力战胜困难，更能体验生命的宝贵，也才能享受美好的人生。

哈佛大学心理学研究组曾做过一项关于冲动情绪的调查，结果证明：情绪冲动的人往往缺乏自信，并时常以冲动行为作为自我保护的手段。其实，冲动实际上是一种心理不成熟的表现，当一个人冲动时，表现的时间一般不长，只有几秒钟，却造成了严重的后果。所以，遇到让自己不开心的事、看不顺眼的人，不要马上还击，试着让自己安静几秒钟，给自己冷静思考的余地，或者转换一种方式思考问题，或者想一下冲动的后果，这样就可以很好地遏制自己的莽撞行为了。

每个人都是按照自己的意志行事以满足自我的欲望。这种欲望如果不经过理智的控制，就会掉进冲动的陷阱。没有人真的喜欢冲动，他们也不愿意冲动，容易冲动的人只是自我控制力较弱而已。理智是一种智慧，更是一种胸怀。理智的人在权衡利弊之后，就会扬长避短，避免冲动所造成的不良后果，这会令他们离成功更近一步。容易冲动的人缺乏理智，缺少明辨是非曲直的慧眼，没有宽广的心胸，而一个没有胸怀和缺少理智的人则难成大器。

拒绝向惰性妥协

惰性被定义为"因主观上的原因而无法按照既定目标行动的一种心理状态"，它是人懒惰的本性，不易改变的落后习性，不想改变老做法、老方式的倾向。当一个人有惰性心理时，做事就会迟迟不行动，一拖再拖。

人的惰性是一种可怕的精神腐蚀剂，它使人终日消沉，无精打采，甚至会让人丧失生活的信心和希望。富兰克林有句名言："懒惰就像生锈一样，比操劳更消耗身体。"

惰性的强弱与自控力成反比，所以，如果想克服惰性，就要让自己拥有较强的自控力。这个世界上，一点惰性都没有的人并不多，没有谁天生就有很强的自控力。自控力是人们在执着追求生活的过程中衍生出来的。这种能力在每个人身上都可以找到，也可以说这是天生的，只不过因为各自不同的生活环境造成了后天表现的差异。

生活就是如此，只有不断地燃起激情去面对惰性，我们思想中的积极因子才能得到最大限度的激发，消极因子才会被消减到最低。

一个铁匠用同一块铁，打了两把锄头，拿到集市上去卖。农民买走了其中的一把，回去后就开始用来锄地了；另一把锄头，被一个商人买走了，因为没有太大用处被闲置在商人的店铺里。

一晃半年的时间过去了，两把锄头偶然见面了。本来两把锄头的铸造方式、质地、光泽完全一样，但是如今两者的差别却很明显。农民手中的锄头，闪着银子般明亮的光芒，甚至比刚做好时更明亮；而另外一把锄头，由于长期被闲置，早已暗淡无光，周身布满了铁锈。

"我们以前是一模一样的，为什么时隔半年，你变得如此光芒四射，而我却成了这副模样？"那把锈迹斑斑的锄头问它的老朋友。

"原因很简单啊，我到了农民那里，几乎一天都没有闲过，每天都在劳动。"那把光亮的锄头回答道，"你现在之所以会变成这个样子，就是因为你总是侧身躺在那里不动，什么活儿也不干!"

锈迹斑斑的锄头听后沉默了，它无言以对。

刀越磨越锋利，锄头越用越光亮。勤奋是一种习惯，懒惰也是一种习惯，只是勤奋的习惯引领人走向光明，而懒惰的习惯把人带入黑暗的深渊。从两把锄头的不同境遇，我们可以看到勤奋和懒惰所带来的后果是多么悬殊!

在一把古老的钥匙上刻有这样一条意味深长的铭文——"如果我休息，我就生锈"。对于被惰性纠缠的人而言，这句警世恒言实在太形象了，甚至最勤奋的人也会从中得到警醒：如果一个人任其才能埋没，就如同废弃的钥匙一样，不久就会显现出生锈的迹象。

虽然惰性是人与生俱来的弱点，但是它并不可怕，可怕的是我们被惰性缠身却毫不知情。如果我们可以洞察它，并重视起来，就不怕找不到战胜惰性的方法。

(1)承认要付出代价，但是收获更值得看重。很多人之所以会产生惰性，主要原因是惧怕付出，惧怕辛苦。所以，强调付出后的收获，肯定付出是值得的，将有助于我们战胜惰性。

(2)增强自己对辛苦的承受力。不妨从相对简单的事情做起，循序渐进，逐步提高对"辛苦"的承受力。

(3)坚持从小事做起。行动要迅速，不要因为事情小而不屑于做，更不要犹豫。不过是件小事，不值得我们耗费时间纠结在是否做的问题上。

(4)将复杂的事情简单化。如果遇到的问题比较复杂，要学会将其分割成几个部分，然后逐个解决。当然，要保证分割本身是有意义的。

（5）不要在计划上浪费太多时间。 计划是必要的，但是行动一定要随后跟上。

面对诱惑，你是否能 hold 住

"天下熙熙皆为利来，天下攘攘皆为利往"这句出自《史记·货殖列传》的名言，在两千年前就为世人阐明了人生在世所必须面对的种种利益往来。

伴随着生活节奏的加快，来自生活的压力也越来越大，诱惑也越来越多：金钱、豪宅、豪车、荣誉、地位等等。 你是否能真正清醒地认识自己的处境和需求，懂得节制，能够把握住内心的欲望呢？

有这样一个穷人，他没有收入，没有住所，也没有任何亲人，只能依靠每天沿街乞讨艰难度日。每当看到那些从他身旁经过的富人，他都会拼命地磕头作揖，希望能多讨得几个怜悯钱。一天晚上，这个穷人蜷缩着身体依偎在大桥洞的一角，自言自语地说："如果有一天，我有了钱，一定不会像这些世人那样吝啬……"

他的话被一个路过的精灵听到了。精灵决定用自己的力量改变这个穷人的命运，于是，他来到穷人身边说："我听到了你的愿望，我可以帮忙实现它。"接着，精灵取出了一个黑色的布袋交给这个穷人，说："这个布袋里永远都会有一枚金币，取之不尽。但是，当你认为钱已经够用，并且开始使用从布袋里取出的钱时，这个布袋也就会失去这个功能。"

穷人欣喜若狂又充满狐疑地待在那里，等他明白过来的时候，精灵已经消失了。穷人手忙脚乱地打开身边的布袋，里面果然有一枚金币。他拿出来后，再次伸手进去，里面又有一枚……于是，整整一个晚上，穷人不停地从布袋里拿出金币来。天蒙蒙亮的时候，他身边已经堆起了一个小小的金山了，他高兴得手舞足蹈，想着自己以后终于可以衣食无忧了。

　　穷人此时感觉到了饥饿，他想去买一些可口的早点，但是一想到布袋中再也不能取出金币来，他又犹豫了。然后，他坚持饿着肚子不停地从布袋里拿出金币。就这样，三天过去了，他的金币越来越多，足够他买豪车、豪宅了，一辈子都不用再担心受冻挨饿了，可是，他还是不满足，他希望自己成为世上最有钱的人。

　　五天过去了，他不吃不喝拼命取出的金币已经快堆满一屋子了。但是，这个穷人还是觉得不够，他虚弱地趴在金山上有气无力地说："我还要更多的金币。"

　　最后，他终于筋疲力尽地晕了过去，然后死掉了……

　　故事中的穷人最终因为自己未能抵挡住金钱的诱惑，而失去了生命。不过换位思考一下，换作我们任何一个人，要想中途停下不再取出金子，或许都会感到困难。但是，当你真正放下后，你会发现你的选择是正确的：你已经获得了足够多的金子，生活可以得到很大的改善，可以富足地安享晚年，也不会因此丢掉性命成为人们的笑柄。

　　生活中，我们时刻都会面对类似的诱惑，所以，我们必须学会控制自我的欲望，适时放弃、抵制诱惑，否则，我们会被诱惑所诱导，成为欲望的奴隶，从而迷失自我，甚至会失去自己已经拥有的东西。

有个关于爱斯基摩人的故事，据说他们有一套世代相传的特别有效的捕猎狼的方法。在严冬季节，他们会在锋利的刀刃上涂上一层新鲜的动物血，等血冻住以后，再接着涂第二层血，然后等冻住后，再……如此反复，刀刃就会被冻血埋藏得严严实实。

这时，他们将刀反插到地上，也就是将刀把扎在土里，刀尖朝上。当狼顺着血腥味找到这把刀时，会兴奋地舔食刀上新鲜的冻血。血液在融化时会散发出强烈的气味，这种强烈的血腥味刺激着狼越舔越快，越舔越馋，越馋越用力。狼在不知不觉中将所有的血都舔干净了，锋利的刀刃就会暴露出来。

这时狼已嗜血如狂，继续猛舔刀刃。在血腥味的诱惑下，狼感觉不到舌头被划开的疼痛。在北极寒冷的夜晚，狼丝毫没有意识到它这时舔食的已是自己的鲜血，反而变得更加贪婪，舔食得更快，血流得更多，直到精疲力竭地倒在地上，被爱斯基摩人活捉。

其实，生活中那些内心充满贪念，不懂得适可而止的人，不正如舔食血的狼一样吗？在外界的诱惑下，失去理智，让自己终日因为无休止的欲望而疲惫不堪，最终耗尽自己的精力，继而付出惨重的代价。

在诱惑面前及时刹车，就是学会为自己的人生找到港湾，远离那些纷争和贪欲，让自己的生命没有沉重的精神负累，从而轻装前行。只有这样，我们才更容易接近我们的梦想，更容易找到心灵的乐园，得到幸福。

第四章

哈佛大学送给青少年的第四份礼物：抓紧时间

时光是丢失最快的东西

有人说，世界上最长也最短的就是时间。它的长是因为无论外界如何变化它都不会静止，它的短是因为它流逝得快而无声。因此，从古至今，不少人都惊叹时间的流逝而慌忙奋斗。人的一生不但短暂而且渺小，自己能够拥有的，只是时间长河中短短的一瞬间。

现实生活中，太多的人抱怨时间太少，而事情却太多，并且感到自己已经错过了人生中最好的时光，还来不及实现自己的梦想，时间便已经流逝了。于是，他们认为，不管做任何事，都是来不及的。可是，他们不明白，事实并非他们想象的那样，很多时候，只要用心去做便不会太晚。在决定做什么事之前，一定要先下定决心，并且保持积极向上的态度，那么即使时间晚了，想要的结果也不会晚。

安曼是个著名的建筑师，他一生都保持着对工作的热情，周围的人丝毫看不到他身上的消极，他总是积极、乐观地去实现自己的梦想，即便是垂暮之年依旧为自己的事业奋斗着。

退休之后，安曼仍然对工作念念不忘。刚刚退休的时候，他很不适应，显得失落和忧伤，一想到因为自己的年龄问题，以后都不能工作了，他就很不开心。不过，天生乐观的个性使他想到了一个好方法——建立一家属于自己的工程公司。他甚至希望将公司业务遍及世界每个角落，来实现自己的人生价值。

当安曼从福利优渥的港务局退休之后，他没有像别人那样，靠退休金来安享晚年。相反，他觉得现在是实现自己价值的最好时机，因为他有太多的设想要付诸行动。他不顾家人和朋友的反对，将所有的精力和热情都投入到工作中去，并且坚定地迈出每一步，不管遇到多么大的困难和挫折，他都不曾放弃。在之后的30多年中，他的那些大胆而创新的方案终于能够运用到工作中去了，他不断向世人展示他那精彩绝伦的创作：举世闻名的亚的斯亚贝巴机场和杜勒斯机场、大胆创新的伊朗高速公路和匹兹堡市中心地带的建筑群等，这些创作都成为经典被当作大学教材的案例。他人生最后一个作品就是世界上最长的悬体公路桥——美国纽约的韦拉扎诺大桥。这个乐观的老人花了30年的时间实现了自己的梦想，在生命接近尾声时，依然绽放出绚烂的色彩。

太多人羡慕别人的成功，将失败归于命运的不公平，以时间短暂为理由，一次次地逃避。其实，结束意味着新的开始，只要你有完成这件事情的决心和激情，那么无论何时开始都不会太晚。

在实际生活中，有很多事情都是这样。只要你有决心，并且坚持下去，无论遇到什么样的困难和挫折都不放弃，那么即便是行将就木的年龄，也不会太晚。 假如你的心里想要做某一件事情，却总是以没有时间为借口推托，不愿意将想法付诸行动，等到错过了最佳的时机，便真的来不及了。 哈佛大学的一位教授曾经说过："当你心中存有梦想的时候，千万不要迟疑和等待，要乐观并且饱含激情地去对待它，只有那些敢于在下一秒就开始的人，才能获得成功。"

哈佛大学一直都有这样一个理念——"有教无期"，它的意思就是，无论在任何时候，人都有继续学习的机会。 因此，在哈佛上学的人并不仅限于年轻人，许多老年人一样在哈佛继续学习。 据了解，在每一年的哈佛录取名单中，总会有几名年龄在 70 岁左右的人。 他们并没有因为年龄的关系而放弃学习，反而在退休之后选择了上大学为自己充电。 对他们而言，年龄并不是阻碍学习的借口，如果总是以年龄为借口，不加以行动，那么也许真的就来不及了。

有很多人一生都不曾放弃自己的梦想，在垂暮之年依旧以积极的心态为自己的梦想而努力，创造着属于自己的人生价值，虽然时间短暂。 但是梦想和时间的长短并不冲突，只要下定决心，并满怀激情，付诸行动，成功绝不会抛弃你。

不要浪费每一刻光阴，有好的想法就立即去实现，不要找多余的借口，只要你还活着，就来得及成功。

今天的事情不要留到明天

对于那些珍惜时间的人而言，今天才是最珍贵的，今天的成就就是明天更好的开始，没有今天，明天就会一无所有。 所以，他们会抓住今天的时光，为自己积累财富。 那些总想着还有明天的人，永远都不会有成就。

如果你希望自己能够成为一名卓有成就者，那么，你必须从今天开始做起，也唯有从今天开始做起！著名作家玛丽亚·埃奇沃斯对于"从今天做起"而不是"从明天开始"的重要性有着深刻的见解。她在自己的作品中写道："如果不趁着一股新鲜劲儿，今天就执行自己的想法，那么，明天也不可能有机会将它们付诸实践；它们或者在你的忙忙碌碌中消散、消失和消亡，或者陷入和迷失在好逸恶劳的泥沼之中。"

如果总是把问题留到明天，那么明天就是你的失败之日。同样，如果你计划一切从明天开始，你也将失去成为行动者的所有机会。明天，只是你愚弄自己的借口罢了。

雅达利公司的创始人、电子游戏之父诺兰·布歇尔在被问及企业家的成功之道时，回答道："关键便在于抛开自己的懒惰，去做点什么，就这么简单。很多人都有很好的想法，但是只有很少的人会即刻着手付诸实践。不是明天，不是下星期，就在今天。真正的企业家是一位行动者，而不是空想家。"

有些人总是自欺欺人地暗示自己：只需等待，美好的未来便会自然而然地出现。这样无异于画饼充饥，但这种想法却无孔不入、无处不在。

采取某种现实而有目的的行动，这对于我们是否能够主宰自己的生活至关重要。

俄国著名作家列夫·托尔斯泰说："记住，只有一个时间最重要，那就是现在！"它之所以重要，就是因为它是我们唯一有所作为的时间。

依文斯生长在一个贫苦的家庭里，最初靠卖报来赚钱，后来在一家杂货店当店员。

八年之后，他开始创建自己的事业。然而，厄运降临了——他替一个朋友担保了一笔数额很大的债务，而那个朋友破产了。祸不单行，不久那家存着他全部财产的大银行垮了，他不但损失了所有的钱，还负债近 2 万美元。

依文斯经受不住这样的打击，绝望极了，生了奇怪的病：有一天，他走在路上的时候，昏倒在路边，以后就再也不能走路了。最后医生告诉他，他的生命只有两个星期的时间了。

想着只有十几天了，他突然感觉到生命是那么宝贵。于是，他放松了下来，好好把握着自己的每一天。

奇迹出现了。两个星期后依文斯并没有死，六个星期以后，他又能回去工作了。经过这场生死的考验，他明白了自寻烦恼是无济于事的，对一个人来说最重要的就是要把握住现在。他以前一年曾赚过 2 万美元，可是现在能找到一个星期 30 美元的工作就已经很高兴。正是因为有这种心态，依文斯的工作进展非常快。

几年后，他已是依文斯工业公司的董事长了。而且在美国华尔街的股票市场交易所，依文斯工业公司是一家保持了长久生命力的公司。

正是因为明白了活在当下的道理，依文斯取得了人生的胜利。只有好好地把握住今天，才能创造美好的明天。

确实，成功者都知道"今天"意味着什么。 俄国作家赫尔岑认为：时间中没有"过去"和"将来"，只有"今天"才是现实存在的时间，才是实实在在的、最有价值和最需要人们利用的时间。

昨天属于死神，明天属于上帝，唯有今天属于我们，只有好好地把握住今天，我们才能充分占有和利用好每个今天，才能挣脱昨天的痛苦和失败，才能创造美好的明天。

我们应该十分清楚地认识到，生命是一个过程，每天、每年都是岁月的篇章，岁月的日历翻过去，就会成为记忆中的永恒，一去不再回头。生命不会给我们任何承诺，重要的是我们如何牢牢把握住生命中的每一天。

英国前首相丘吉尔平均每天工作 17 个小时，还使得 10 个秘书也整日忙得团团转。为了提高政府机构的工作效率，他在行动迟缓的官员的手杖上都贴了"即日行动"的签条。

向成功者学习，要想成功就要抓住今天，也只有今天我们才可以把握。正如一位哲学家所说："昨天是一张过期的支票，明天是一张尚未兑现的期票，今天是可以流通的现金，好好运用它吧！"

把握住今天，既要解决自己的思想态度问题，又要有妥善的安排。把握住今天，不论一个人年龄大小、从事工作的繁简，也不论是在顺境还是在逆境，都要把它作为一个重要的原则来遵循并持之以恒，偷懒和懈怠都是要不得的。

任何事情如果没有时间限定，就如同开了一张空头支票。不要把今天的事情留到明天，因为明天还有更多的事情。只有懂得用时间给自己压力，到时候才能完成。所以，制订每日的工作时间进度表，记下事情、定下期限，每天都有目标，都有结果，才会日清日新。

时间是"挤"出来的

鲁迅说："哪里有天才，我只是把别人喝咖啡的时间都用在工作上了。"一天 24 小时，我们每一个人都用它投资经营自己的生活，但是经营的结果却截然不同。 一些人懂得时间是挤出来的，所以哪怕是一点一滴的时间他们也会合理利用起来。 结果他们的一分钟变成了两分钟，1 小时变成了两小时，一天变成了两天……他们用上天赐予人们同等的时间做了加倍的事，并且最终换来了成功。

亨利·福特说："大部分人都是在别人荒废的时间里崭露头角的。"这就是在告诫我们，要想取得比别人更大的成绩，就要付出比别人更多的时间，而要想在有限的时间获得更大的价值，就要学会"挤时间"。

　　张丽就职于一家顾问公司，她工作繁忙，几乎每年都要负责处理 100 多宗案件。由于这些案件的当事人在世界各地，因此她的大部分时间都是在飞机上度过的。她认为和客户保持良好的关系是非常重要的，所以，她经常利用飞机上的"闲暇时间"给客户写邮件。一次，旁边的旅客对她说："在近 3 个小时里，我注意到你一直在写邮件，你一定会得到老板重用的。"其实，张丽早已是公司的副总了！

我们常常听到一些人抱怨说："太忙了，我没时间。"所以，一年一年过去了，他们仍然一事无成。 每个人每天都只有 24 小时，善于挤时间的人能让 24 小时增值成 25 小时、26 小时……但是有的人却只会让 24 小时贬值，再贬值。

许多伟人之所以能流芳百世，一个重要的原因就在于他们十分珍惜时间。 他们在一生有限的时间里，不但充分利用上天赐予他们的每一分每一秒，而且善于把隐藏的时间找出来，一刻不停地工作、积累、进步。

让我们敬佩的爱因斯坦在组织享有盛名的奥林比亚科学院时，每晚例会，他总是愿意和与会者手捧茶杯，开怀畅饮，边饮茶，边谈话。他就是利用这种闲暇时间，来与大家交流思想，把这些看似平常的时间利用起来。他后来的某些思想和很多科学创见，在很大程度上都源于饮茶时的种种交流。

当今社会竞争越来越激烈。社会中的竞争归根结底是人才素质的竞争。要增强竞争力，就必须不断充电，提高自身素质，跟上时代发展的步伐，否则就会落后于时代，就会被社会所淘汰。

然而，随着现代生活节奏的加快，时间显得更为紧迫，我们又经常面临这样一种困境：想要不断地进修，提升自己，时间不够用怎么办？答案只有一个：挤时间。

把零碎时间串成个"珍珠项链"

我们每个人每天从早到晚都会有很多零碎的时间，就像散落一地的珍珠。而这些零碎的时间常常会被我们忽略。如果能够把零碎的时间用来从事零碎的工作的话，就可以最大限度地提高工作效率。比如我们所乘的公交车堵车，可能会是三五分钟，也可能是二三十分钟的时间，如果你是一个珍惜时间的人，就可以用这段时间来学习、思考、简短地计划下一个行动等。充分利用零碎时间，短期内也许成效并不明显，但日积月累，将会有惊人的成效。

在日常生活中，我们一般都不太注意运用零碎时间，总是会在不经意间把这些时间浪费掉，但是，如果我们把这些零碎的时间都加起来，一天、一个月、一年以至一生的积累，可能达到我们人生的三分之一。费尔巴哈说："在空间中，部分小于整体；相反，在时间中，至少在主观上，部分大于整体。因为时间中只有部分是现实，而整体只是想象的对象。现实中的每一分钟，对我们来说是比想象中的 10 年更长的一段时间。"如果我们可以充分地利用这些时间，那么创造出来的价值将会超出一般人的想象。比如，一个人一天学习一小时，从 16～70 岁可以学习 2 万个小时左右；如果我们每小时读 10 页书的话，那我们利用这些零散的时间就可以读 20 万页书。知道这是什么概念吗？堆起来有两层楼房那么高。由此，我们可以看出零碎的时间积累起来是多么惊人！

康杰是一家商场的员工，每天从早晨 8 点一直工作到下午 5 点，每天下班的时候都会累得筋疲力尽。自然他自己对这份工作也不是很满意，为了能够找到更好的工作，他想去考注册会计师。可是他以前从未接触过会计学方面的知识，所以学起来难度还是很大的。

起初，康杰对于时间的管理也毫无头绪，不知道自己该怎么办，因为他还得解决温饱问题，工作尽管不喜欢，但还得上心。但细心的他发现：有大量的时间无意识之间就从自己身边溜走了！

比如，他每天都是早晨 6 点起床，在他做早餐等水开的这段空闲时间里，他经常是无所事事地站在厨房里等待，或者是在屋子里走来走去。于是，他想到可以利用这段时间复习一下昨天学过的知识，事实证明这样做的效果相当好！

他从住处到单位需要 1 小时的时间，后来为了节省时间，他干脆搬到距离单位较近的地方住，这样只需要 10 多分钟就可以了。于是他又省下了 50 分钟的时间。

每天中午商场都有 90 分钟吃饭时间，康杰只要花 15 分钟就可以吃完了，于是他把这段时间也利用起来了。

以前下班后回到家，康杰是强打精神坐在桌子前看书。现在，康杰的做法是：进家先躺在床上放松 10 分钟或者是听 15 分钟的音乐，然后再开始学习。一旦学习累了的时候，就去做晚饭，这样一边做饭一边休息。吃完饭，他又可以轻松地接着学习了。

如此，经过几个月的拼搏，康杰最终取得了注册会计师资格。经过面试，已经有几家单位要他去上班了，工作环境、工作时间以及待遇等各方面也比原来好很多！

从康杰的例子可以看出，只要我们留意一下身边的零碎时间，并把它们都充分利用起来，将会完成很多事情。

生活中有很多零散的时间是可以利用的。如果你能够做到化零为整，那你的工作和生活将会变得更加轻松。不要认为那些零碎时间只能用来办些不重要的杂务。最优先的工作也可以在这少许的时间里去完成。如果你照着"分阶段法"去做的话，把主要的工作分为许多小的"立即可做的工作"，你随时都可以做些费时不多却很重要的工作。这给你带来的好处是不言而喻的。

随时留心"墨菲定律"

墨菲定律是什么？这个定律是由美国一位名叫墨菲的上尉提出来的，也因此得名。墨菲认为他的某位同事是个倒霉蛋，不经意说了句笑话："如果一件事情有可能被弄糟，让他去做就一定会弄糟。"结果这句话一直流传到了现在，这就是墨菲定律。

根据"墨菲定律"可以得出的结论：

（1）任何事都没有表面看起来那么简单。

（2）所有的事都会比你预计的时间长。

（3）会出错的事总会出错。

（4）如果你担心某种情况发生，那么它就更有可能发生。

其实就是说，很多事情不是我们想怎样就怎样的，现实和理想往往有较大差距。有时候不想发生的事情不管概率多小都有可能会发生，所以做事情的时候不要存有侥幸的心理。

随着社会的进步和发展，人类虽然越来越聪明，但容易犯错误仍然是人与生俱来的致命弱点，不论科技多么发达，有些不幸的事终究是不可避免的。而且我们解决问题的办法越高超，面临的麻烦就会越复杂。同样，我们在安排自己计划的时候要按照实际的情况来安排时间，不能妄自尊大，否则麻烦就会找上你。

当然，世界上不可能存在永远不犯错误的人。我们需要做到的就是尽量避免错误的出现，降低错误发生的概率。

2003 年，美国"哥伦比亚"号航天飞机在即将返回地面时，在美国得克萨斯州中部地区上空解体，机上 6 名美国宇航员以及首位进入太空的以色列宇航员拉蒙全部遇难。

"哥伦比亚"号航天飞机失事也印证了"墨菲定律"。如此复杂的系统是一定要出事的，不是今天就是明天，这是合乎情理的。一次事故之后，人们总是要积极寻找总结事故的原因，以防止下一次事故，这是人的一般理性都能够理解的。否则，或者从此放弃航天事业，或者听之任之，让下一次事故再次发生，显然，这是任何一个国家都不能接受的结果。

由此我们也获得一个经验，不出错是不太可能的，不管科技多么先进可靠，但总会有意想不到的问题产生，自以为是地认为自己的计划完美无缺，那就等于终将造成失败。所以当我们在给自己的未来做规划的时候，遇到不能确定的情况，就不要有侥幸心理。不管在做什么事情之前都应该进行全盘思考，将问题考虑得全面、周到一些。这样，如果真的发生不幸或者损失，就可以从容不迫地去面对。

还有很重要的一点在于总结所犯的错误，而不是企图掩盖它，越掩饰，暴露的就越多。

其实归根结底，"错误"与我们一样，都是这个世界的组成部分之一，狂妄自大只会使我们自讨苦吃，我们必须学会接受错误，并从中不断学习，不断成长。

朋友们，让我们随时随地关注墨菲定律吧，减少我们在工作中犯错误的概率，从而更有效地利用时间。

5 分钟造就一生

卡尔·华尔德曾经是美国近代诗人、小说家和出色的钢琴家爱尔斯金的钢琴老师。有一天，卡尔给爱尔斯金授课的时候，忽然问他："你每天总共要练习多长时间钢琴？"

爱尔斯金说："三四个小时。"

"你每次练习间隔的时间都很长对吗？"

"我想是这样的。每次差不多一个小时，至少也是半个小时。我觉得这样才好。"

"不，不要这样！"卡尔说，"你将来长大以后，每天不会有很长的空闲时间。你应该养成一种用极少时间练习的习惯，一有空闲就几分钟几分钟地练习。比如，在你上学之前，或在午饭之后，或在工作的休息中间，哪怕5分钟也去练习一下。把短时间的练习分散在一天里，如此，弹钢琴就成了你日常生活中的一部分了。"

14岁的爱尔斯金因为听了卡尔的忠告，使自己日后得到了不可估量的益处。

当爱尔斯金在哥伦比亚大学教学的时候，他想兼职从事创作。可是上课、阅卷、交际等事情把他白天和晚上的时间完全占满了。差不多有两个年头，他不曾动笔写一个字，他一直苦恼的是"没时间"。

有一天，他突然又想起了卡尔·华尔德先生告诉他的话，于是到了下一个星期，他就重新开始实践"短时间练习法"，只要有5分钟左右的空闲，他就坐下来写作，每次100字或短短的几行。

出人意料，在那个学期终了的时候，爱尔斯金竟写出了厚厚的一堆手稿。

后来，爱尔斯金用这种积少成多的方法，创作了长篇小说。他的授课工作虽然每天都很繁重，但是他每天仍有许多可利用的短暂余暇用来写作和练习钢琴。爱尔斯金惊奇地发现，每天无数个几分钟的时间，足够他完成创作和弹琴两项工作，而且最后都取得了丰硕的成果。

当"没有时间"成为我们无所作为的借口时，平庸就会伴随我们一生。 如果我们总想用一定的时间去做一件事，那我们可能永远一事无成。

时间像海滩上的沙粒，要一点一点地抓取，积累很多的时候，我们才知道它的分量。

做好时间管理表，才能心中有数

在哈佛商学院，教授们会提醒学生做好时间管理。 人生道路上，充满着很多不确定性，人们需要努力走好每一步才能更接近梦想。 人生就像航海，充满了变数，但越是充满变化，人们越需要做好应对计划，去完成自己必须做的事情。

时间管理表是连接目标的一座桥梁，所以时间管理表对于人生来说很重要。 如果你的时间管理计划制订失败了，那么就注定你的行动也会失败。 制订时间管理表时，要充分考虑可能发生的事情，然后安排时间去做，并制订出一套切实可行的行动方案。 只要做出一些时间计划，就可以按照时间表一步步地去做事，不会因为毫无头绪而浪费时间，也不会因为事情繁多而无从下手。

即使未来不会发生什么变化，时间管理表也是人们实现某一目标的最佳方法，可以使人们的行为更有效率，更加顺利地实现目标。没有变化，并不代表你只能按照一种方式去做。 从经济学的观点看，现代人总是在追求效益最大化，也就是说每一分钟、每一分钱都要花得值。 任何一个理财能手都是一个有计划的人，公司会计会进行成本核算，提供资产负债等，这些都是经理们制订计划的依据。一切都在计划之中，才能做到游刃有余。

有效的时间管理一直以来都是许多人所缺少的，缺少的原因是因为人们没有真正地重视它。 时间管理的重要性等同于战略、创新等管理议题，甚至比它们更重要。 每个人真的很忙吗？ 人们对此问题的回答往往都很一致——通常都无力地回答"忙"。 实际上在忙的背后，有三种表现：第一种是忙忙碌碌，这些人不会管理自己的时间，常常会被堆积如山的事情逼疯；第二种是忙碌，但学会了选择与放弃；第三种是假装的忙碌，因为人们已经将忙与成功联系起来。现在，人们必须给予时间管理以应有的重视。 因为对于工作、学习的人来说，时间是最大的限制，他们需要在有限的时间内去完成不同的任务。 对于管理者来说，他们无法雇用更多的员工来获得充裕的时间。 在过去的企业管理中，没有时间管理。 时间管理被认为是个人问题，个人应该去进行时间管理。 现在，企业越来越意识到，提高绩效的最佳方法不是改进每个环节，而是改进最大的约束因素，而时间正是管理中的最大约束。 过度忙碌的人们陷入筋疲力尽的状态，忙得没有时间去思考，所以逐渐失去了生活与工作的平衡。

快节奏的生活让人的步伐比之前至少快了一倍。 白天，你或者在上班的路上，或者穿梭于公司的各部门之间，又或者面对着一大堆的资料、文件，等等，忙碌而紧张的工作让你没有时间计划。 晚上，回到家中，准备晚餐，晚餐后与家人度过难得的短暂的休闲时光，最后拖着疲惫的身体休息。 轻松的家庭时光让你舍不得花时间去制订计划。 好不容易熬到周末，又要带着家人逛街，或者外出郊游。 繁忙的工作，沉重的压力让生活变得杂乱无章，一切周而复始，单调枯燥，始终没有自由的时间去做自己喜欢的事情。 事实上，只要你做好时间管理，生活就会大有改观。

做好时间管理会让人感到即使紧张，也井然有序；即使再忙碌，也会因为充实而更有效率；做好时间管理会让人们的思路清晰，能够得到事半功倍的效果；做好时间管理是自我管理的良好选择，对每个人来说都是必要的。 如果你想改变自己的生活方式，就不要再说没有必要进行管理。 做好时间管理不仅会让你轻松地面对工作，还会为你赢得陪伴家人的时间，做好时间管理而形成的良性循环所带来的价值一定会让你大吃一惊。

第五章

哈佛大学送给青少年的第五份礼物：不断创新

独辟蹊径，做别人不做之事

学生独特的创意与特色是哈佛大学教育的重点。 人不能改变环境，但可以改变思路。 人不能改变别人，但可以改变自己。 做别人不做之事，读别人不读之书。 要想出类拔萃，就要有独特的思维，要与众不同、独辟蹊径。 多一个思路就多一条出路，思路决定出路，观念决定前途。

一家鞋业公司打算开发非洲国家的市场，就派两名销售人员前去实地考察。两个月后，突然有一天，甲销售员风尘仆仆地赶回来了，刚到总裁的办公室他就开始不停地诉苦："总裁先生，据我观察，非洲的当地人是从来都不穿鞋的，全都赤着脚。根据他们的习惯，我们的鞋不可能在那里有市场！"总裁听到这个消息后，就想："幸亏去做了实地考察。"他怎么都没想到非洲的情况会如此糟糕，所以决定打消开发非洲市场的念头。

过了几天，乙销售员回来了，他看上去也比较疲惫和憔悴，但在向总裁汇报时却异常兴奋，他说："总裁先生！您有所不知，当我看到那里的人们都没穿鞋时，我是多么开心！"看见老总惊疑的神情，他接着说："他们没有人穿鞋子，证明那边的市场还是完全空白的，只要我们把握机会好好开发，一定会取得成功！"说完这些，乙销售员还拿出自己的调查报告和进行市场开发的策划方案给总裁，通过公司董事会的研究决定，公司委派乙销售员全权负责非洲市场的开发工作。没有想到的是，一年以后，这家鞋业公司在非洲取得了异常辉煌的业绩。

心态不同、思路不同，看问题的方法也不同。同一件事，不同的人从不同的角度分析，就会得出两种截然不同的结论。这就是告诉大家，做一件事情的时候，不能只看到表面现象，要运用自己独特的思维，找到与众不同的方法，做出别出心裁的事来。俗话说，一个人若无超越环境之想，就绝对做不出什么大事。

一个人想要有所作为，就必须有自己与众不同的招牌，让自己拥有独特的优势，为自己的成功增加优势，才能在竞争激烈的社会中很好地生存、发展。经商更是如此，特色就是竞争力，是商家立足于商场的根本。

东京有一家理发店，店内生意极其红火，每天顾客盈门。店老板说，理发店生意兴隆的秘诀是："出租"女秘书。这个新颖的创意源自发生在理发店里的一件小事。一个大雨滂沱的下午，一位顾客来店里理发，理到一半的时候，顾客的手机忽然响了，原来是老板让他立即将一份拟好的协议打印出来并快速送给客户。

顾客急坏了，他望着镜子里刚理了一半的头发，不知如何是好。但是商场如战场，容不得半点耽搁。最后他还是放弃理发，冒着大雨去送协议。结果，在客户面前，他显得很狼狈。不过，这件小事却给了理发店老板一个启示。经过一番精心策划，老板雇用了一名专门办理贸易手续的专家、一位日文打字员、一位英文打字员、一位英文翻译和两位办理文件的女秘书。如果理发的顾客是带文件来的，那么他在理发时，店里的女秘书就会帮他整理文件；如果需要打印文件，也可以在店里完成；如果需要办理贸易方面的手续，店里的专家可以提供方便的服务。这样，顾客在等候或理发时，也不会影响自己的工作。这一新型服务推出后，一下子吸引了很多整日因工作繁忙而无暇理发的顾客，他们觉得来这里理发不仅可以很好地放松自己，而且还能及时处理掉手上的工作，真是两全其美的事啊！当然，因为这一特色的服务，理发店的营业额也成倍增长。

成功总是属于那些敢于"第一个吃螃蟹的人"。他们学着用独特的方式做对自己更有益的事情，想别人不曾想、做别人不曾做，让自己变得更独特、出色。独辟蹊径是一种态度，学会它就可以寻找到一条让自己更有特色的出路。要创新，要勇于打破常规、独辟蹊径，寻找新的突破口。

做别人不想做、不愿做、不敢做的事情，你才能一枝独秀、一鸣惊人；做别人不做之事，你就会与众不同；做别人不做之事，你就有可能成功；做别人不做之事，你就会有意想不到的收获。如果有一点风险就裹足不前、不敢冒险，最终必将一事无成。俗话说，"胜在险中求""无限风光在险峰"，只有将自己置于风险中，用独特的思维开辟出别具特色的道路，才能比别人更先一步到达成功的彼岸。有乐观的风险意识，敢于冒险，才能拥有属于自己的闪亮舞台。成功往往属于那些与众不同的人。

跳出思维的误区

智慧并不产生于学历，而是来自对于知识的终身不懈的追求。

一天，美国斯坦福大学的学生们听说著名的科学家爱因斯坦先生要来本校演讲，都兴奋异常，大家都想从这位伟大人物身上发现一些值得自己学习的东西。在那个早晨，他们每个人都准备好了笔记本，早早地来到了教室，企盼快点见到这位伟人，聆听这位伟人的教诲。

9点30分，在校长的陪同下，爱因斯坦先生准时来到了教室，人们的目光随着这位白发长者的身影移动着。然而，和人们想象的不同，爱因斯坦先生没有带演讲稿，甚至连一支笔也没带。

众人坐下之后，爱因斯坦并没有像其他人那样开始长篇累牍地大讲特讲自己的成功经历，而是给学生们出了一道思考题。

他说："有两位工人，他们同时从烟囱里爬了出来。一位是干净的，一位是肮脏的。请问他们谁会去洗澡？"

有学生立即回答："当然是肮脏的工人会去洗澡。"

爱因斯坦反问道："是吗？干净的工人看到肮脏的工人，他会认为自己身上一定也很脏，而肮脏的工人看到干净的工人，可能就不这么想了。我再问问你，哪个工人会去洗澡？"

接着有一个学生立刻回答说："干净的工人会去洗澡。"在场的所有同学一致点头，都认同了这一答案。

爱因斯坦笑着说："你们又错了。理由很简单，两个工人同时从烟囱里爬出来，怎么可能一个是肮脏的而另一个却是干净的呢？"爱因斯坦接着说，"其实人与人之间并没有太大的差别，尤其是你们这些坐在同一间教室里，受着相同教育又都非常努力的年轻人，你们之间的知识差异更是微乎其微。有的人之所以最终能脱颖而出，是因为他们没有因循守旧。然而，要想做个与众不同的人，就必须跳出习惯的思维定式，抛开人为的布局，敢于去怀疑一切。"

爱因斯坦环顾了一下四周，继续说："'世上没有绝对的真理'，这就是我要对你们说的所有的话！"

培养思维能力，拥有多变的思维方式

哈佛大学第二十一任校长艾略特说："人类的希望取决于那些知识先驱者的思维，他们所思考的事情可能超过一般人几年、几十年甚至几个世纪。"作为百年世界名校，哈佛大学非常注重培养学生的思维能力。思维能力在一个人的成长过程中，起着举足轻重的作用，拥有活跃的思维，也是走向成功不可或缺的条件。

意大利航海家哥伦布因发现新大陆而一举成名后，有些人很不服气。在庆功宴上，这些人不屑地说：

"发现新大陆有什么了不起？任何人通过航海都能到达大西洋彼岸。这是世界上最简单的事情……"听到这些刺耳的话，哥伦布没有说什么，只是从桌子上拿起一个鸡蛋，站起来对所有人说："女士们，先生们，谁能把这个鸡蛋竖起来？"

鸡蛋在与会者中间传了一圈，也没有人能想出让它立起来的办法。当鸡蛋又传回到哥伦布手里的时候，他把鸡蛋的一端往桌上轻轻一磕，很容易就把鸡蛋立了起来。顿时，不服气的人停止了吵嚷。哥伦布平静地说："你们都看到了，这难道不是世界上最容易做到的事情吗？然而，你们却没有做到。并不是你们缺乏做到的能力，而是你们没有这种思维。是的，这很容易，当人们知道世界上某种事情该怎么做以后，也许一切都很轻而易举了。但是，当你不知道该怎么去做的时候，都不那么容易。"

多变的思维是哈佛大学的第一教育原则。早在一百多年前，哈佛的毕业生、著名哲学家和心理学家威廉·詹姆斯就曾说过：

"就培植自主与多变思维的妙处而言，除了哈佛大学，无出其右者。哈佛的环境不只允许、而且鼓励人们从自己的特立独行中寻求乐趣。相反，如果有朝一日哈佛想把她的孩子塑造成单一固定的性格，那将是哈佛的末日。"哈佛大学至今仍严守着这一原则。学生一入校，就会一遍又一遍地听到这样的话："你们到这里，不是来发财的。你们到这儿来，为的是思考，并学会思考！"

生活中，我们常常有意识地去培养一种习惯。但对于思维，哈佛大学的教育理念要求同学们要学会多变的、灵活的思维方式。因为一种思维方式再好，如果成了习惯，就是思维定式，都将是灾难。

18 世纪末的时候，强大的英国占领了广袤的澳大利亚，并宣布澳大利亚成为自己的领地。英国政府打算好好开发澳大利亚，但是荒芜之地是没有人愿意去受苦的。政府想了一个办法：把监狱里的罪犯派到澳大利亚去，开发新地盘。把犯人们运送到澳大利亚是一项不小的工程，这个工作被当时的私人船主承包了。为了方便计算需要支付的运费，政府就以从英国上船的人数为依据。由于运送犯人的船只设施非常简陋，没有储备药品，更没有随船医生，条件十分恶劣。船主为了牟取暴利，上船前尽可能多装犯人，一旦船离了岸，船主按人数拿到了钱，就不管这些人的死活了。他们把生活标准降到最低，有些船主甚至故意断水断食，致使三年间从英国运到澳大利亚的犯人在船上的死亡率高达 12%。

政府遭受了巨大的经济和人力资源损失，民众对此也极为不满。政府开始想办法改善这种状况。他们在每艘船上派一名官员监督，再派一名医生负责医疗，并对犯人的生活标准做了硬性规定。但是犯人的死亡率不仅没降下来，甚至许多监督官和医生也死在了途中。原来，一些船主为了贪利而行贿官员，官员如不顺从，就会被扔进大海。一位议员认为，私人船主钻了制度的空子，制度的缺陷在于政府付给船主的报酬是以上船人数来计算的！如果倒过来，政府以在澳大利亚上岸的人数为依据计算报酬呢？政府采纳了这个建议，不论船主装了多少人，到澳大利亚上岸时再清点人数，依此向船主支付运费，难题便迎刃而解了。船主们聘请医生跟船，在船上准备药品，为犯人改善生活，尽可能让每个犯人都健康抵达澳大利亚。因为在船上死掉一个人就意味着少一份收入。这之后，船上的死亡率降到了 1% 以下，有些船只经过几个月的航行竟然没有一人死亡。

其实，做任何事都一样，当我们做这些事情的时候，有没有想过：这样做是最好的方式吗？这样做存在什么弊端吗？如果换一种思维的话会怎么样呢？每个问题的解决，必定有很多条途径。有些问题采取不同方法解决，结果没什么差别；而有的问题，解决的方法不同，可以出现完全不同的结果。因此这就要求我们考虑多种思维方式，善于思考。思维不需要成本，灵活多变的思维方法是取之不尽用之不竭的资源，也是成功道路上的助推器。很多时候，成功者之所以成功，就是因为他们不同的思维方式使他们拥有了最好的方法。

年轻人，不要太死板

生活中的大多数问题并非只有一个正确答案，就像每一个学生论证的思路各不相同，但都解决了问题。我们应该努力去寻找第二个、第三个最佳答案。往往第二个或第十个答案才是解决问题的最有效方法。

一天上午，哈佛大学的彼得·林奇教授给学生出了这么一道思考题：

　　"一个聋哑人到五金商店去买钉子，先用左手做持钉状，捏着两个手指放在柜台上，然后右手做捶打状。售货员递过来一把锤子，聋哑人摇了摇头，指了指做持钉状的两个手指，售货员终于拿对了。这时候又来了一位盲人顾客。同学们，你们想象一下，盲人将如何用最简单的方法买到一把剪子？"

　　一个学生是这样回答的：

　　"噢，很简单，只要伸出两个指头模仿剪子剪布的模样就可以了。"

　　全班同学都表示同意。教授没有否定学生的答案。不过，他又笑笑说：

　　"其实盲人只要开口说一声就行了。"

　　其实两个答案都没有错，但学生的回答缺乏变通。多年以前，彼得·林奇教授就意识到，突破思维定式，运用变通思维解决问题将是哈佛无数学子成功的方法。哈佛的许多学生习惯于运用比较熟悉的思考方法，这样做使得他们省去很多精力。然而，正如哈佛商学院荣誉教授希尔多·李维特所说："成功组织的最大特色，就是自愿放弃长期以来的成就。"于是，彼得·林奇教授给自己的学生讲述了他们的前辈，同为哈佛学子的美国出版界明星人物阿尔伯特·哈伯德的故事。

　　阿尔伯特·哈伯德出生在一个富足的家庭，但他立志创立自己的事业，因此他很早就开始了有意识的准备。他明白像他这样的年轻人，最缺乏的是知识和经验。因而，他有选择地学习一些相关的专业知识，充分利用时间，甚至在他外出工作时也总会带上一本书，在等候电车时一边看一边背诵。他一直保持着这个习惯，这使他受益匪浅。后来，他有机会进入哈佛大学，开始了一些系统理论课程的学习。

在一次欧洲考察之后，阿尔伯特·哈伯德开始积极筹备自己的出版社。他请教了专门的咨询公司，调查了出版市场，尤其是从从事出版行业的威廉·莫瑞斯先生那里得到了许多积极的建议。这样，一家新的出版社——罗依科罗斯特出版社诞生了。由于事先的准备工作做得好，出版社经营得十分出色。他不断将自己的体验和见闻整理成书出版，同时拥有了名誉与金钱。

但阿尔伯特并没有就此满足，他敏锐地观察到，他所在的纽约东奥罗拉当时已经成为人们度假旅游的最佳选择地之一，可这里的旅馆业非常不发达。这是一个很好的商机，阿尔伯特紧紧抓住这个机会。他抽出时间亲自在市中心做了两个月的调查，了解市场行情，考察周围的环境和交通。他甚至亲自入住一家当地经营得非常出色的旅馆，研究其经营的独到之处。后来，他成功地从别人那里接手了一家旅馆，并对其进行了彻底地改造和装潢。

在旅馆装修时，他进行了广泛地调查，接触了许多游客。他了解了游客们的喜好、收入水平、消费观念，注意到这些游客多是平时工作繁忙，周末才来这里放松的，他们需要更简单的生活。因此，他让工人制作了一种简单的直线型家具。这个创意一经推出，很快受到人们的关注，游客们非常喜欢这种家具。他再一次抓住了这个机遇，一家家具制造厂诞生了。家具制造厂蒸蒸日上，也证明了他准备工作的成效。同时他的出版社还出版了《菲利士人》和《兄弟》两份月刊，其影响力在《致加西亚的信》一书出版后达到顶峰。

正是因为阿尔伯特·哈伯德在遇到问题时并不囿于思维定式，能运用变通的思维方式来灵活地解决和应对，才能一次又一次地抓住成功的机遇，成就精彩的人生。

学会交换你的思想

团结合作是哈佛人成功的保证，而掌握正确的合作方法，学会交流思想则是合作顺利进行的充要条件。

哈佛的学子、微软 CEO 史蒂夫·鲍尔默说过："一个人只是单翼天使，两个人抱在一起才能展翅高飞。"意思是说，个人的力量毕竟有限，与人合作则可能激发无穷的力量。哈佛人深知合作的重要性，在长期与人合作的过程中，不少人还意识到，要使合作顺利，实现合作的目标，并不是没有讲究的，合作需要建立在相互交流和信任的基础上，尤其是要学会与合作伙伴交换思想。

鲍尔默与盖茨相识在哈佛校园，当时比尔·盖茨 18 岁，鲍尔默是哈佛二年级的学生。这两位数学疯子是在学校电影院里观看电影时相遇的，看完电影后他俩曾合唱剧中歌曲。对数学、科学、拿破仑的热爱使他们成了至交。鲍尔默和盖茨搬进同一个宿舍，为宿舍起名为"雷电房"。他们在一起，整夜激昂地争论拿破仑，一个声音试图压倒另一个声音。

鲍尔默是一个极富激情的人。1975年，比尔·盖茨退学后去创业，劝鲍尔默也辍学去帮他。让比尔·盖茨万万没想到的是，鲍尔默回绝盖茨的理由竟然是，自己好不容易才当上哈佛橄榄球队的队长，不想就这样轻易放弃。

比尔·盖茨在微软初创阶段，事必躬亲，随着公司的日益壮大，他渐渐因为管理上的琐事而烦恼。他随即意识到微软需要不懂得技术的智囊人物，于是，鲍尔默在比尔·盖茨的劝说下从学校退了学，进了微软公司。

鲍尔默的出现无疑为微软增添了更多的活力与激情，而且他在管理方面的得心应手，让比尔·盖茨终于得以从捉襟见肘的管理状态中挣脱出来，成为一名专职的技术负责人。

鲍尔默是早期微软公司中唯一一个非技术出身的员工。他对计算机没有兴趣，也不具备基础技术知识，但他与盖茨一样对数学有着浓厚的兴趣。鲍尔默与盖茨不同的是，他善于社交。他穿梭于哈佛的每一个角落，似乎认识哈佛的每一个人。

人们普遍认为鲍尔默热情洋溢、精力集中、幽默有趣、真挚诚恳、尽职尽责、富有活力，他以特有的活力和信念鼓舞着微软。

比尔·盖茨能一跃登上世界财富的巅峰，与他和搭档的通力协作有着极大关系。对于鲍尔默给予的帮助，比尔·盖茨表示："我常常想，如果让我再次白手起家，只要有了鲍尔默这个老朋友也就足够了。"

学会与人合作固然重要，但合作也是需要讲究方法的。多与人交流、与人分享是合作中的一条重要原则，因为多与人分享和交流思想，可以增进彼此间的感情，更好地进行合作。

在哈佛的教育理念中，认为讲究合作、注重交流是非常重要的。而哈佛的学生也以此作为自己的追求，在平时的学习和生活中十分注重与人建立良好的合作关系，掌握正确的合作方法，为自己的成功奠定了良好的基础。

让自己拥有 360 度的思维

在一个竞争激烈的时代里，成功其实并没有固定的模式可言：当哈佛成为全球学子所向往的智慧宝库时，比尔·盖茨却果断选择了退学；当人们认为哈佛商学院将会以培养世界顶级企业 CEO 为主要目标时，却有约翰·肯尼迪、乔治·沃克·布什、贝拉克·侯赛因·奥巴马等数位商学院学子成了美国最高政治领袖。由此也可以看到，哈佛对学子的发展也是兼容并包式的：成功从来不需要先期固定，有时候，当你在某一条道路上无法成功时，换一种思路，你便会发现一片崭新的天地。在这样的情况下，你应该学会发散思维，让自己拥有 360 度的思考能力。

20 世纪初，美国一家名为史古特的纸业公司购买了一大批纸品准备制作成各种写作材料。但是，由于运送过程中工作人员的疏忽，使得纸面变得潮湿无比，同时还产生了褶皱，因而无法使用。

面对着一整个仓库即将报废的纸品时，大家都不知如何是好。在高层主管会议上，有人提出建议：将这些已经受损的纸全部退还给供货商，以减少损失。这一建议几乎获得了所有与会者的赞同。

时任总经理的史古特却认为这样做不妥当，不能因为己方工作人员的疏忽而将责任推卸到他人的身上，这样做不仅会造成他人的负担加重，更会使公司的信誉蒙尘。在经过一段时间的思考与反复的实验之后，他决定在这些卷纸上打上小洞，让纸片更容易撕成小张小张的。由于纸上本身就有褶皱，使得纸质变得更加柔软起来，再加上后期打上的小洞，这种本应被弃之不用的材料，竟然成了极方便的卫生用品。

史古特将这种纸品命名为"桑尼"牌卫生纸，并将它们卖给了饭店、车站与学校等各大机构。令人意想不到的是，这种卫生纸非常好用，因而大受欢迎。如今，这种柔软、便捷的卫生纸早已成了人们日常生活中不可或缺的生活用品。

每一个人的思想都有所不同，思维方式也因先天条件与后天影响而不同。思维往往呈现为永无止境的进步形式，个人不断地接收新事物，并同时学习自己不懂的技能，因而个人的思维广度也会随之不断扩展。

想要培养发散思维，进行思维的扩展，我们可以参考以下方式与途径：

1. 积极地发挥自我想象力

德国著名哲学家黑格尔曾言："创造性思维需要个人拥有丰富的想象力。"培养个人创造性需要个人拥有善于从生活中捕捉可以激发自我创造欲望的能力。平日里，不应让自己局限于单一的"寻求正确答案"的影响之中，而是应该更加积极地展开丰富而合理的想象，对自己所遇到的问题进行二次思考，利用曾经拥有的经验与知识来扩展思维，找到更多解决问题的方法，同时对众多方法进行甄别，挑选最优答案。

2. 将标准答案淡化，让自己进行多向思考

单向思维往往属于低水平的发散，多向思维才能体现出高质量的思考。不管是个人学习还是工作，都应不唯书、不唯上，不轻信、迷信他人。在思考问题时，尽可能多地为自己提出一些"假定……""假如……""否则……"一类的问题，才能强迫自己去换一个角度思考问题，想他人从来没有想过的问题。

3. 敢于打破常规，将思维定式弱化

法国著名科学家贝尔纳曾经说过："对学习造成妨碍的最大障碍，并不是未知的东西，而是那些我们早已知晓的东西。"思维定式往往可以让我们在处理问题时驾轻就熟、得心应手，从而使问题得到圆满的解决。在对待生活中的一般问题时，这样的思维方式往往会让我们节省大量的做事时间，但是在需要进行创新与开阔性思维时，思维定式便会成为个人的"思维枷锁"，使个人新思维、新方法的构建受到阻碍，使新知识的吸收受到影响。

因此，唯有让自己敢于培养自己的创造性思维，敢于打破常识思考问题，并在新的思考方法的基础上，创造出更有价值、更有意义的东西来，才能让自己培养起较强的思维创造能力。

4. 敢于对已有定论进行大胆质疑

中国明代学者陈献章曾言："前辈谓学贵有疑，小疑则小进，大疑则大进。"一个人是否拥有质疑能力，对个人学习思维与创新思维的发展有着重大的影响，而质疑往往是培养创新思维的重要突破口。

平日里，在为已形成定论的问题寻求解决方法时，让自己有根据地进行质疑，同时尽量寻找可以更快速完成工作的方法，让自己不断地尝试新的学习创造方法，并对自己原有的思考与结论进行反思，采取批判性的态度去看待已成定论的问题。在这种良好的自我学习与创造过程中，往往会培养起极强的创新思维能力。

5. 学会进行合理反向思维

反向思维也被称为逆向思维，是指按与认识事物相反的思维方向对问题进行思考的能力，从而让自己提出不同凡响的见解。反向思维往往不受旧观念的束缚，而且会积极地突破常规，使个人敢于标新立异，从而表现出对探索新事物、新方法的积极进取态度。拥有反向思维的人往往不会满足于"人云亦云"，敢于在立足于实际的基础上质疑传统看法。

美国著名的贝尔实验室认为，敢于反向思维是个人超越局限、打破常规、取得新发现的关键："有时候，你需要离开经常行走的大道，潜入森林中，你便能发现前所未见的东西。"学会让自己潜入"森林"中，敢于另辟蹊径，你才有机会看到他人不曾观赏过的风景。

很多人在遇到问题时，总是按"两点之间直线最短"的思维方式来思考。但事实上，许多问题的求解是无法靠直线方法来完成的。在这种情况下，让自己尝试着使用360度的思维去观察问题、思考问题，敢于利用迂回的角度与方法审视问题，或许便能使问题迎刃而解。

第六章

哈佛大学送给青少年的第六份礼物：学无止境

成功的奥秘在于勤学

现在的社会竞争激烈，大家都在前进，如果你稍有懈怠，就会被别人远远地抛在后面。如果你想在社会上很好地生活，在工作上得心应手并有所成就，那么你就必须勤奋学习，甚至挤出休息的时间。在哈佛，你从来看不到学生在偷懒，在消磨时间。

一位毕业于北大，后就读于哈佛的女孩说："在哈佛，每堂课都需要提前做大量的准备，课前准备充分了，才能在课堂上和别人交流，贡献你的个人思想，才能和大家一起学习，否则，你是无法融入到课堂教学中的。"哈佛的每一个学生都谨记一个道理：只有比别人更早、更勤奋地努力，才能尝到成功的滋味。

汉朝时，有一个叫匡衡的少年，非常喜欢看书学习。但是家里很穷，小小年纪他就要挣钱养家糊口，所以他就白天出去干活，晚上安心读书。但是，家里连点灯的油都买不起，天一黑就什么都看不到了，根本没法看书，匡衡很难过。

他的邻居很富有，一到晚上整个屋子都被灯光照得通亮。有一天，匡衡鼓起勇气对邻居说："我晚上想读书，可付不起油钱，能不能让我借你家的一点地方看书呢？"邻居以富贵自居，根本瞧不起穷人，就挖苦他说："既然穷得连点灯的油都买不起，还读什么书呢？"匡衡听后很气愤，他下定决心，一定要把书读好。聪明的匡衡想了个办法，他悄悄地在家中的墙上凿了个小洞，邻居家的灯光就从洞中透过来了。借着微弱的光，他如饥似渴地读起书来，没多久他就把家里的书全都读完了。

他想继续读书。听说附近镇上有个大户人家，家里藏了很多书。一天，匡衡卷着铺盖来到了大户人家门前。他对主人说："请您收留我，我给您家里干活不要钱。只要您能让我读您家的书就可以了。"主人见他小小年纪，就这么勤奋好学，就答应了他的请求。就这样，通过年复一年、日复一日地勤学，匡衡长大后竟然成了汉元帝的丞相、西汉时期著名的学者。

现在，不管是生活还是学习条件都好多了，不必像古人一样通过"凿壁偷光"来刻苦学习了。但是，古人那种勤奋学习、不辞辛苦的精神却依然值得我们很多人去学习。人的时间和精力都是有限的，所以，要充分利用时间去学习、丰富自己，而不是将大部分的时间都用于睡觉、玩游戏……有人也许会说："我只是在业余时间放松自己而已，工作时已经很辛苦了，业余时间为什么还要让自己那么紧张？"爱因斯坦说："人的差异在于业余时间。只要知道一个青年怎样度过他的业余时间，就能预见这个青年的前程怎样。"俗话说，"勤能补拙，熟能生巧"，可见，大家在学习上都是平等的，更没有什么捷径可走，要想汲取知识、获得成功，只有通过勤学。因为上帝对每个人都是公平的，你付出过多少，就会得到相应的回报。伟大的发明家爱迪生为了研究出可以做白炽灯灯丝的理想金属，做了上千次的试验，几乎所有的金属都被他试过了，最后才找到钨丝。正是凭着这种勤奋的精神，爱迪生才取得了伟大的成功。勤学是智慧的源泉，纵观人类文明史，所有取得突出成就或者为人类进步做出突出贡献的名人、科学家，都有着勤奋刻苦的奋斗史，可见，任何成就的取得都是与勤学分不开的。

　　法国伟大作家巴尔扎克出生于一个贫困的家庭，只在学校读过五年的书，最终却成为不同凡响的人物。这一切都是与他的勤学分不开的。他认为，最不可宽恕的是一个人晚上上床时还像早上起床时一样无知。他常说："该学的东西太多了，虽然我们出生时一无所知，但只有蠢人才永远如此。"

　　不仅自己勤于学习，巴尔扎克还要求自己的孩子们养成勤学的好习惯。他要求孩子们每天都要学习一个新的知识，并在饭前进行交流，说出后才能吃饭。当孩子们说出自己所学到的知识时，哪怕是微不足道的小常识，他也不会觉得琐碎，认真听完，再和孩子们讨论，还称赞孩子们做得好。但是，小孩子都是贪玩的。一次，他的小儿子费利斯因为玩而忘记了父亲交给他的任务，但是又怕被责备，饭前就从一本书上匆匆找了一个新知识：尼泊尔有多少人口？等他坐在餐桌边，怯怯地说出这个知识的时候，哥哥姐姐们都偷偷笑了，因为这实在不算什么了不起的知识。但巴尔扎克却没有责备小儿子，而是问妻子："你知道这个问题的答案吗？"妻子的回答总是能令饭桌上严肃的气氛变得轻松愉快，她说："尼泊尔？我连它在世界上哪个角落都不知道，怎么可能知道它的人口有多少呢？"妻子的回答正符合巴尔扎克的心意。他吩咐女儿说："把地图拿来，我们来告诉妈妈尼泊尔在哪里。"就这样，全家人忘了吃饭，在地图上寻找起尼泊尔来。

巴尔扎克曾说过："一个人不一定终身受雇，但必须终身学习。"只有不断学习，才能够追求和享受更美好的人生。 在哈佛，不仅学生学习勤奋，老师也一样勤于学习。 在哈佛的课堂上，老师讲的东西都要是新的，内容也是紧跟前沿科学的发展。 所以，哈佛的老师必须处在最前沿的科学研究阵地。 哈佛的理念认为，教授首先应当是一个学者，能够享受挑战和创新的乐趣，而且能与他人进行有说服力的交流。 正是因为这些，哈佛产生了 48 位诺贝尔奖得主和 8 位美国总统。 勤学，说起来容易，做起来难。 有些人学不会东西就以为自己笨，做事不成功就觉得自己不走运，只知道怨天尤人，根本不会从根本、从自身找原因，其实很大程度是因为对待学习的态度不积极，学习不够勤奋。 他们觉得学习是件很辛苦的事，不愿为之付出努力和汗水。 爱迪生说："天才是百分之九十九的汗水加百分之一的灵感。"其实，世上没有什么天才，只有经过后天不断地学习，不断提高和完善自我，才能成为社会的有用之才。 我们认认真真去做了，勤勤恳恳地去学了，就一定会有收获，我们走向成功的道路一定会更顺畅。 世上没有学不会的东西，只有不去学的人。 做人一定要有一种不服输、肯努力的精神：别人行的我一定行，别人不行的我也行。

一分耕耘一分收获

世界上的事，从来都是"一分耕耘一分收获"。怕吃苦，图安逸，是成不了大事的。试想：哪位杰出人物不是吃尽人间诸多苦才有所成就的？

美国媒体大亨泰德·特纳经常引用老师对他的劝告。他的老师约舒·雷诺德常说："那些想要超过别人的人，每时每刻都必须努力，不管愿意不愿意。他们会发现自己没有娱乐，只有艰苦地工作。"虽然工作辛苦，但是对特纳而言，工作是自己喜欢的事情，并且为他带来了丰厚的回报。

美国伟大的政治家亚历山大·汉密尔顿曾经说过："有时候人们觉得我的成功是因为自己的天赋，但据我所知，所谓的天赋不过就是努力工作而已。"

很久以前有一个老人，他收集了三只大钟，其中两只已经很旧了，而另一只却是全新的，当老人给新钟安装上零件后，三只钟都响了起来。一天，有一只老钟对新钟说："让我们一起工作吧。不过我有一些担心，我不知道你能不能走完我们要走的路，那可是3200万次啊，只有走完这3200万次以后，主人才会再给我们动力。"

呆了，完全呆了，新钟听完老钟的话后呆呆地说："天啊！3200万次。那是一个什么样的数字啊！做这么多的事，我真的办不到，我怕我到不了那个时候就不行了。"

这时另一只钟说话了："你别听他乱说，他就是吓吓你，你只要每秒动一次就行了，我们也是这样过来的。"

"没这么简单吧！"新钟怀疑道。

"你相信我吧！"那只钟说。

"嗯！我试试吧！"新钟说道。

就这样，新钟轻松地一秒动一次，一秒动一次，不知不觉中，3200 万次过去了。

是啊！3200 万，看上去是一个天文数字，但是我们只要坚持每时每刻不停地走下去，总有一天我们会走完的。

现实生活中，很多成功与不成功之间的差别并不是多数人想象的那么大。成功与不成功之间的差别就在一些小事情上。如果我们从这些小事着手，从每一步做起，取得每一点每一滴的成功，我们就会越来越强。

有一位老人，他从北方的一个城市里骑自行车绕着中国的海岸线跑了一圈。当他经过长途跋涉，克服了重重困难，到达目的地的时候，有人问他是如何鼓起勇气走完这条路的。

老人这样回答道："我走一步路不需要勇气。我的举动就是这样。我先制定了一小段路的目标，当我到了那儿，再重新开始，再走一段，就这样一次又一次地开始、完结，我就到了这儿。"

始终坚持比别人多付出一些、多努力一些，尽量别让自己停下来，特别是在一帆风顺的时候。做任何事，只要你走出了第一步，再努力一点，然后一步一步地走下去，离成功也就不远了。

今天的努力就是明天的收获，不要因为今天取得了一定的成就而沾沾自喜，不要因为今天取得了一点成功就停下来。如果这样，你以往的努力就会白费，所以要始终坚持地做下去，成功后还要给予自己更大的压力，不断地提出新目标，让自己永远努力下去。

范光陵是中国台湾的电脑专家，他在美国获得多个学位——美国斯顿豪大学的企业管理硕士、犹他州州立大学的哲学博士学位。可后来他去专攻电脑，并获得了极大的成就。他写的一本叫《电脑和你》的通俗读物，畅销于台湾和东南亚各个地方。他还举办讲座，召开关于电脑的国际会议，发表关于电脑的演讲等，在电脑有关方面做出了很大的贡献，为此他还得到了泰国国王、英国皇家学院的奖励。

然而，我们许多人都只是看到范光陵成功的一面，没有看到他失败的一面。范光陵刚到美国时，是靠打工才生存下来的。刚到美国时，他在一家饭店里打杂，好多烦琐的事——洗饭、切菜、倒垃圾、打扫厕所等事情——都是他一个人加班完成的。每天，在别人休息以后，他还在忙碌地工作着。

还有一段时间，他口袋里一分钱都没有，肚子饿了就喝清水，晚上没有睡觉的地方就睡公园或桥洞。但是他仍然不停地努力，他相信自己能够取得成功。功夫不负有心人，他确实成功了，经过努力，他终于找到了一条属于自己的路。事实也正是如此，世界上的事，从来都是付出多少才能收获多少。怕吃苦、图享受是什么事也做不成的。看看身边那些成功的人，哪一个的成功不是经过多年的努力换来的。

要做出成就，必然要付出比别人多几倍的努力。许多优秀的人才既不缺少情商也不缺少智商，但他们缺少了比别人多吃苦多努力的精神。 这不是其他人的错误，而是自己的责任，如果他们能每天多努力一点，多奋斗一点，养成吃苦耐劳的精神，相信在不久之后，就会有所收获。

每个人都有自己的路，但我们前进的方向都是相同的——追求自己的理想。 当我们在前进的道路上行动时，只有多努力一点，多付出一些，才会为自己创造更多的成功机会、更多的成功资本，也才能在竞争中脱颖而出，获得成功。

很多人想早点获取成功，可是他们无法一步登天。 成功是慢慢积累的，是通过我们一天天的努力奋斗换取的。 所以，我们要想获得成功，就必须比别人多付出、多努力。 换句话说就是：下定决心每天多做一点点。 就像修房屋一样，每一层房屋都是由一块块的砖头堆砌成的；也像我们的知识一样，是一点一滴积累起来的。

所以，不管做什么事，都应该多努力一点，这样我们就能得到更多，成功的机会也会更多。

更新知识，与时俱进

我们正处在知识迅猛发展的时代，科学技术日新月异，知识迅速更新，要适应社会的发展就必须不断地学习。 不意识到这一点，难免成为新时代的文盲。

我们的生理每天都在进行新陈代谢，我们的知识、我们的社会经验、我们的智慧也应该每天得到更新。 一天不洗脸，一个星期不洗澡，我们会觉得不舒服；但更重要的是我们头脑的更新，这一点却常常被我们忽略。

三国时期，孙权的部下吕蒙虽身居要职，但因小时候没有机会读书，学识浅薄，见识不广。有一次，孙权对吕蒙说："你现在身负重任，得好好读书，增长自己的见识才是。"吕蒙不以为然地说："军中事务繁忙，恐怕没有时间读书了。"孙权说："我的军务比你要繁忙多了。我年轻时读过许多书，掌管军政以来，又读了许多史书和兵书，感到大有益处。希望你也不要借故推托。"孙权的开导使吕蒙很受教育。从此，他抓紧时间大量读书。后来，在一次交谈中，善辩的鲁肃竟然理屈词穷，被吕蒙驳倒。鲁肃不由得感慨："以前我以为老弟不过有些军事方面的谋略罢了。现在才知道你学问渊博，见解高明，再也不是以前吴下的那个阿蒙了！"吕蒙笑笑："离别三天，就要用新的眼光看待一个人。今天老兄的反应为什么如此迟钝呢？"后来，孙权赞扬吕蒙等人说："人到了老年还能像吕蒙那样自强不息，一般人是做不到的。一个人有了富贵荣华之后，更要放下架子，认真学习，轻视财富，看重节义。这种行为可以成为别人的榜样。"

　　世间万物始终都处在新陈代谢、交替更新之中。我们的知识、思想也应该处于不断的更新之中。今天应该比昨天进步，明天应该比今天进步。每一天都有进步，每一天都有成长，不断地更新自己。就像机器，长期使用却从不更新，就会老化，失去原来的效率。

　　家用电器、车子、房子，一切的事物都会随着时间流逝而变旧、变破，我们头脑中的知识也一样逃避不了折旧的命运。在激烈的竞争中，那些思想陈旧、脚步迟缓的人，瞬间就可能会被甩到团队的后面。即使是一个经验丰富的资深员工，如果倚老卖老、妄自尊大，也会被淘汰出局。公司或者团队会为了集体的利益舍你而去，即使你战功赫赫。

许多演艺界的老音乐人和老演员经常在媒体上感叹压力和辛苦。每天都有前赴后继的新人，以惊人的速度抢占市场，稍稍沉寂就会被大家遗忘。有位歌手感叹说："老并不可怕，未老先衰才可悲。"面对推陈出新的市场，不断学习和创新才能不被挤出飞速前进的轨道。要居安思危，经常忧虑自己的技能现状，这样的忧虑是自己不断进步的动力。

美国的职业专家指出，现在职业技能转换期越来越短，特别是从事信息、通信产业的科技人员，如果不抓紧时间学习，更新知识体系，职业技能用不了几年就会老化。就业竞争加剧也是知识折旧的重要原因。根据统计，25 周岁以下的从业人员，职业更新周期是人均一年零四个月。当 10 个人中只有 1 个人拥有一项技能，他的优势是明显的。而当 10 个人中有 9 个人拥有这项技能的时候，优势就不复存在。有人预言，未来社会只有两种人：一种是忙得要死的人；另外一种是没有工作的人。现在就出现了有的事没人做，有的人没事做的情况。

不懈地学习成了保证自己不被淘汰的利器。在工作岗位上奋斗的人的学习，有别于在学校学生的学习，由于缺少时间和心无杂念的专注，以及没有专职人员的教授，所以抓住时间，充分学习更为困难。

《抱朴子》中曾这样说：周公这样至高无上的圣人，每天仍坚持读书百篇；孔子这样的天才，读书读到"韦编三绝"；墨翟这样的大贤，出行时装载着成车的书；董仲舒名扬当世，仍闭门读书，三年不往园子里望一眼；倪宽带经耕耘，一边种田，一边读书；路温舒截蒲草抄书苦读；黄霸在狱中还师从夏侯胜学习；宁越日夜勤读以求15年完成他人30年的学业……详读六经，研究百世，才知道没有知识是很可怜的。不学习而想求知，正如想求鱼而无网，心虽想而做不到。

《抱朴子》中又说：人性聪慧，但没有努力学习，必成不了大事。孔夫子临死之时，手里还拿着书；董仲舒弥留之际，口中还在不停诵读。他们这样的圣贤，还这样好学不倦，何况常人，怎可松懈怠惰呢？

求知的传统要继承，苦读的精神要发扬，同时学习的观念也要发展。

昨天的文盲是不识字的人，今天的文盲是不会外语、电脑的人，那么，谁是明天的文盲呢？联合国教科文组织已对此做出了新的定义："不会主动求新知识的人。"

知识经济里"知识"的概念，已经比传统概念扩大了，它包括四个方面：

第一，知道"是什么"的知识，即关于事实方面的知识，如某地有多大面积、多少人口等；第二，知道"为什么"的知识，即指原理和规律方面的知识，如物理定理、经济规律等；第三，知道"怎么做"的知识，即指操作的能力，包括技术、技能、技巧和诀窍等；第四，知道"是谁"的知识，包括了特定社会关系的形成，以便可能接触有关专家并有效地利用他们的知识，也就是关于管理、控制方面的知识和能力。

可见，这里的知识包括了科学、技术、能力、管理等。联合国教科文组织把第一、二类知识称为"归类知识"；第三、四类知识称为"沉默知识"，即比较难以归类和量度的知识。一、二类知识可以通过读书和查阅数据库、资料而获得，也可以通过传授而获得；而三、四类知识，主要靠实践才能获得。其中第三类知识学习的典型例子是师带徒，言传身教，而且还必须通过亲身的实践才能学到手；第四类知识在社会实践中，有时还得通过特殊的教育环境学习。第三、四类知识是在社会上深埋着的知识，不易从正式渠道获得这些知识。

知识型经济的特征，是需要不断学习归类信息并充分利用这种信息，特别是选择和有效利用信息的技能和能力变得更重要。选择相关信息，忽略不相关信息，识别信息中的专利，解释和解读信息以及学习新的技能，忘掉旧的技能，所有这些能力显得日益重要。

"知识"概念的扩展，使得学习的环境、目的、方式、内容等都比传统概念大大扩展了。

现在，学习的过程并不完全依靠正规教育。在知识型经济中，边干边学是最重要的，学习的一个基本方面是将沉默知识转化为归类知识，并应用到实践中去。目前，由于信息技术的飞速发展，非正规环境下学习和培训是更普遍的形式。

正如安妮·泰勒在《创造未来》一书中所说："也许学校不再像学校。也许我们将把整个社区作为学习环境。"时代飞速发展，环境急剧变化，再没有一劳永逸的成功，只有不断创新的人。因此，你必须不断学习。学习是一种生活，一种生存方式。没有学习，便没了"生存"。学习，是一辈子的事。

增强学习力，才能有竞争力

学习，是竞争时代的立身之本。在这个竞争激烈的社会，只有不断地学习，不断地让自己升级，才能不被社会淘汰。

很多时候，超越之所以困难，很大程度上来源于自己。超越自己，就是时时有危机感，步步不敢懈怠，放下过去的成就和辉煌，扬弃自己。所以无论什么时候，都不要轻易认定自己已经到了"极限"。不要给超越找借口，要敢向极限挑战。

波特是诺基亚公司的一名员工。一天，他很不开心地说："我们整天坐在研究室里，除了完成上面派给的任务，改进一下机型，就什么事也不做了，老拿不出新创意，我倒是觉得不好意思了！"

"嗨，我们的手机现在已经是世界著名品牌了，还上哪里去找创意？你也不想想，咱们研发部不像生产和销售部，又没有什么硬性指标，薪水甚至比他们拿得还多，该高兴才是啊！"同事回答他。

尽管同事们说得有些道理，但波特还是暗下决心："一定要让诺基亚在自己的开发下有一个新的飞跃！"有了这个非同一般的目标后，波特每日除了完成任务，满脑子就是考虑如何让诺基亚更符合消费者的需求。

一天，他在地铁中看到几乎所有的时尚男女都带着手机、相机和袖珍耳机，这给了他很大启发。

第二天，他马上找到主管说："如果我们在手机上装一个摄像头，让人们在收听音乐的同时，把能看到的美好事物都拍下来，再发送给亲友，该是多么激动人心啊！"

很快，这种具有摄像和音乐功能的手机研制成功。波特不但实现了自身的价值，而且，还体验到了从未有过的充实和快乐！

组织中，最有竞争力的员工是这样一些人：善于学习，勤于学习，善于抓住工作和生活中细微的东西，努力掌握本岗位的业务知识，借鉴成功经验不断升级的人。这种竞争力不是与生俱来的，而是通过不断地学习和积累经验换来的。他们能够通过自己的不断升级，为公司提供较多的附加值。这种人不管走到哪个工作单位、在哪个职位上工作，都会受到上司的青睐。

在这个竞争激烈的社会，学习是立身之本。能力的培养和不断学习是密不可分的，只有不断充实和完善自己，才能赢在各个起跑线上。

现在找一份满意的工作不容易，能"站住脚"更难。如果不能在工作中不断地学习，以提高自己的知识和能力，就算你曾是公司的三朝元老，就算你是硕士、博士甚至博士后，你不能应付自己的工作，不能为公司创造更大的价值，老板也会为了公司的利益，把你扫地出门。

要想在竞争激烈的职场中胜出，就必须在工作中不断学习，以新的技能来支持你的成功。

"全球第一女 CEO"——惠普公司前董事长兼首席执行官卡莉·费奥瑞纳女士，是从秘书工作开始她的职业生涯的。她是如何提升自我价值，一步步走向成功，并最终从男人主宰的权力世界中脱颖而出的呢？

答案是在工作中不断学习。

卡莉·费奥瑞纳学过法律，也学过历史和哲学，但这些都不是她最终成为 CEO 的必要条件。卡莉·费奥瑞纳并不是技术出身，在惠普这样的一家以技术创新而领先全球的公司，她是通过自己的不断学习来达到目标的。

她说："不断学习是一个 CEO 成功的最基本要素。这里说的不断学习，是在工作中不断总结过去的经验，不断适应新的环境和新的变化，不断体会更好的工作方法和效率。我在刚开始的时候，也做过一些不起眼的工作，但我还是从自己的兴趣出发，找最合适的岗位。因为，只有我的工作与我的兴趣相吻合，我才能最大限度地在工作中学习新的知识和经验。在惠普，不只是我需要在工作中不断学习，整个惠普都有鼓励员工学习的机制，每过一段时间，大家就会坐在一起，相互交流，了解对方和整个公司的动态，了解业界的新动向。这些小事情，是能保证大家步伐紧跟时代、在工作中不断自我更新的好办法。"

一个人在职场上是否有新发展前途、是否能有成就、是否过得幸福，是与他身上所展现出的才能成正比的，这是他赢得一切的真正资本。偶然的机遇不足恃，到手的财富不足恃，唯一可靠的保障是学习。

在工作中不断学习，能提高自己的实际能力。作为一个员工，不论是在职业生涯的哪个阶段，学习的脚步都不能稍有停歇。要把工作视为学习的殿堂。你的知识对于所服务的公司而言是很有价值的宝库，所以你要好好自我监督，别让自己的技能落在时代的后头。

按照自己所需而学习

学习应当始终根据事业的需要进行；同时，学习不是静止不变的，而是动态发展的——不同时期所学内容应不同。

爱因斯坦在这方面做得很好。他上大学时不喜欢数学，常常让同学帮他记数学笔记而草率应付过去。当他攻占广义相对论堡垒时，所短缺的正是数学。这时，他为了更好地在事业上获得大成，就下功夫学了七年数学，调整了自己的知识结构，取得了辉煌的成就。

"成也在学，败也在学"——学习定成败，即学业成败决定事业成败。而决定学业成败的，关键是"学什么"！

毛泽东就是根据自己的志向、需要来确定学习内容的。他不被学校规定的学习内容所束缚，始终有自己的学习计划。在师范学校就读的五年半中，他一直我行我素，自己确定"学什么"。根据他"改革社会"的目的，他把"学什么"的重点放在与此关系密切的文、史、哲等社会科学方面。

毛泽东在"学什么"上的变革也是多层面的。他不仅根据自己的志向选择学校规定的课程，而且不满足于学校规定的学习深度，在他最需要学习的科目——文、史、哲方面苦下功夫钻深钻透。比如，《二十四史》，毛泽东起码读了三遍；《唐宋名家词选》，他读过的本子就有四种。毛泽东对《饮冰室文集》、韩愈的古文、唐宋诗词等都是反复地读，直到能熟背出来。此外，报纸也是他重要的学习载体，他在湖南第一师范的几年里，把三分之一的钱都花在报纸上，从报纸中了解国家大事、国计民生。

毛泽东在"学什么"上的另一大变革是——不仅注重学知识，更注重学能力、学素质；不仅读有字之书，而且读无字之书。 他在湖南第一师范学习时就曾写道："闭门求学，其学无用，欲从天下万事万物而学之。"他多次与好友用"游学"调查的方式来学"无字之书"。

究竟学什么呢？ 要按照自己的实际需要去学习，就是自己给自己安排"课程"和"课本"。 这里的"课本"并不是指现成的书籍，而是完全结合自身实际来设计学习计划。 一方面要把你自己将来要从事的工作和目标作为选择"课程"的依据，从而确定"专业课程"。 如果你将来想做企业老板，就要把经营管理和财务作为主要课程；如果你将来想成为专业技术主管，不仅要学习与专业有关的知识，还要学习人力资源管理方面的内容；等等。

积累知识的能力，对一个人的成功有莫大的影响。 在这个"知识经济"时代，我们必须注重自己的学习能力，必须能够勤于学习，善于学习，并且学会学习，才能在竞争激烈的社会中立于不败之地。

创造性学习，培养创新能力

知识是死的，只有具备运用知识的能力，才能使知识活起来，才能解决实际问题，产生实际效益。 获取知识靠能力，运用知识靠能力，创新知识更要靠能力。 无论从哪方面看，能力都比知识更重要。

爱因斯坦曾经说过："想象力比知识更重要，因为知识是有限的，而想象力概括着世界上的一切，推动着进步，并且是知识进化的源泉。"一个想象力就比知识更重要，其他许多能力，如观察力、思维力、创造力，更是比知识重要得多！

很多年前，爱因斯坦就对传统的以知识为中心的学习十分反感。许多人认为他很聪明，就考了他很多问题，比如：光的速度是多少？美国铁路有多长？爱因斯坦却回答说："这些我都不知道。"看到人们惊愕的样子，他微笑着说："这些只要翻书一查，不就全知道了吗？"

这些伟大人物，竟然都如此"无知"，而"无知"并不妨碍他们"有能"，有"大才""大能"。早在爱因斯坦、福特那个时候就可以方便地查询知识，在今天这个即时通信、即时查询时代，要想查询自己所需要的知识，更是极其方便了。

可是，直至今日，我们的学习却仍然是死记硬背那些一查就知道的、陈旧过时的知识。

应试教育实际上是知识教育。"应试教育"的称谓并未切中要害。如果应的"试"是考能力的"试"，那么，应这样的"试"有何不好呢？"应试教育"糟就糟在它不考能力，只考知识，特别是只考书本上的死知识。这种死知识，往往没有什么价值。

著名物理学家杨振宁曾指出应试教育的弊端："中国教育方法（东方的传统）是一步步地教，一步步地学。传统教学方法训练出来的小孩子，可以深入地学到许多东西，这对于他进大学考试有许多帮助。但这种教法的主要缺陷是学生只宜于考试，不宜于做研究工作，因为研究工作所要走的路与传统的学习方法完全不一样。传统的学习方法是指出人家的路让你去走，新的学习方法是要自己去找路。"

我们要与时代同步，时代决定了我们该如何学习。如果你的学习不能适应时代，就不可能在竞争中占据优势，甚至可能遭到惨败。是否进行相应的学习革命，这是成为时代的巨人或时代的弃儿的分水岭。

联合国教科文组织国际教育发展委员会 1972 年所做的报告《学会生存》指出:"教育具有开发创造精神和窒息创造精神这样双重的力量。"——如果我们不实施创造性教育,就会窒息人的创造性精神。传统教育方式下的学习,属于继承性学习,继承已有的知识、文化。单纯地继承,必然窒息创造精神。而创造性学习,在学习的过程中更注重培养创造精神和创新能力。

教育家苏霍姆林斯基也说过:"如果教师的聪明才智深化到培养每个学生创造性的能力上来,如果教师所讲的话善于激励学生投入创造性的能力竞赛,那么,学校里将不会有一个平庸的学生,理所当然地,生活中也将不会有一个不幸的人。"在知识经济时代,需要大量综合型的具有创新意识和创新能力的人才。我们若能在课堂教学这一主战场中让学生变传统的继承性学习为创造性学习,就会在创造性的培养上大见功效。

我国的传统教育根本不重视"提出问题"的教育。从小到大,学生只有死记硬背老师所讲的东西,却没有鼓励养成好问的习惯,爱提问的学生反而会遭到老师的反感和讨厌。巴尔扎克说:"打开一切学科的钥匙都毫无异议的是问号;我们大部分的伟大发现都应归功于如何问,而生活的智慧大概就在于逢事问个为什么。"这就要求教学要变学生"不问"为"敢问",变"敢问"为"善问",问得精,问得深,问得有价值、有水平。只有当学生领悟到提问的价值时,才能自觉主动地从问题中求取智慧,获得发展。也只有这样的学习,才能够培养出胸有实能、腹有良策的创造型人才。

在学校教育中,创新能力培养的关键在于开发学生的创造性思维、培养学生创造性学习能力。我们教师只要转变观念,在教学中放开手脚,引导学生进行创造性学习,学生的创新人格、创新能力就会突飞猛进!

企业要保持竞争能力，就得雇用能够时时掌握先进技术，紧跟时代发展的员工。这样的人，必然是具有创造性学习能力的人。在知识铺天盖地又可轻易取得的情况下，创新更加难能可贵。今天，成功者不是继承型的人，而是创新型的人。继承性学习是以积累知识为主要特征，而创造性学习，则是把学习知识与创新知识结合起来，不只是学到知识，还能推动创造。

创造性学习能力，在任何时代都不会过时。无论时代怎样变化，一旦拥有这项能力，不仅能够永远立于不败之地，而且能够成为时代宠儿。

第七章

哈佛大学送给青少年的第七份礼物：拒绝拖延

只有普通人才会拖延吗

拖延不只是普通人的毛病，伟人也同样会沾染这个陋习，就像达·芬奇，绝对称得上是一个"拖延狂人"。其实，这也不是什么新鲜事，拖延与注意力涣散的人自古就有，拖延的名人也不胜枚举。这里就闲聊一下著名的拖延症患者，看看拖延症是如何"坑害"他们的！

1.圣·奥古斯丁

生于公元前354年的圣·奥古斯丁，是著名的神学家和哲学家。他年轻的时候，一方面陷入肉体的情欲中，另一方面又在寻求思想上的升华。33岁那年，他皈依了基督教，可他仍然没能彻底与情欲决裂。

他曾经向上帝忏悔："当你向我呈现那些真理时，我知道你是对的；尽管我确信它的神圣，却仍然只能重复那些没有信心的话：立刻、一分钟、给我一小会儿！但是，'立刻'

从来都不是指从现在开始，我要的'一小会儿'也被自己无限地拉长……我向你祈求我的贞洁，但却不是现在。"

从这番话里就能看出，圣·奥古斯丁是多么痛苦和煎熬，如果他能早点跟情欲决裂，不这么拖拖拉拉，也许他早就解脱了。

2. 乔治·布林顿·麦克莱伦

乔治·布林顿·麦克莱伦曾是西点军校的优等生，后来成为北方军的著名将领。科班出身的他，因为系统改造了北方军队的后勤，让他声名大噪，最后被提拔为北方军总司令。

多年来，他坚持一个理念：不打无准备之仗。可恰恰就是这个理念，让他后来屡屡为此所累。最初，他以准备不充分为由拒绝进攻，与总统闹僵了；后来，他因过分谨慎不愿意追击，丧失了胜利的机会。直到1862年的安提坦关键战役，他又犯了犹豫不决的毛病，最后在有利的条件下竟然错失了全歼南方军的机会。战争又因此迁延了三年。

这一切，摧毁了军政界对麦克莱伦的信任，最后他遭到众口交攻，被解除了军职。就连林肯也曾经抱怨说："如果麦克莱伦将军不想好好用自己的军队，我宁愿把它们都借给别人。"

由此可见，严谨和一丝不苟有时未必能应付风云突变。在激烈的变化中坚持所谓的"理想主义"，确实不太合时宜，而且这也是导致拖延的一大重要心理因素。

3. 道格拉斯·亚当斯

若问谁是英文世界里的幽默讽刺大师，道格拉斯·亚当斯绝对是个典范。他能够把喜剧和科幻完美地结合起来，《银河系搭车客指南》就是最好的说明，仅仅英文版的销量就超过了 1500 万册。2001 年，这位伟大的作家因心脏病去世了，年仅 49 岁。

说出来很少会有人相信，这么一位才华横溢的作家，其实非常痛恨写作，他经常在截稿日期来临之际交不出稿子，可谓是典型的拖延症患者。他曾调侃地说道："我 90% 的工作，往往都是在最后 10% 的期限里完成的，我拖延的借口比我的小说还要精彩。我爱最后期限。我喜欢听截止日期呼啸而过，'嗖'的一下稍纵即逝的声音。"有时，出版商和编辑把他锁在房间里逼他写作，甚至对他怒目而视，直到他提笔。

听起来是不是很夸张？可事实就是如此。他的朋友在提及他的拖延症时说道："道格拉斯把拖延上升到了艺术的境界。如果我不跑到英国，在他的门外扎营，《银河系搭车客指南》永远也不会完成。"

很多人很好奇，道格拉斯在拖延的时间里做什么呢？他懒懒地喝着下午茶，或是泡在浴室里，要么就跟婴儿一样在床上躺着，这些都是他拖延的"手段"。

看过这些名人的拖延经历，你是不是略微找到点平衡和欣慰呢？至少它说明，拖延不是一事无成者才得的病。换个角度说，就算患了拖延症，也还是有可能成为伟人的，前提是你有能力、有实力，但拖延症终究不利己利人，得努力戒掉它！

别再为自己的拖延找借口

拖延者最擅长的就是为自己的拖延找借口。 在这一点上他们简直是天才级别的。 尽管在旁人听来，这些理由简直让人哭笑不得，但这样一些理由还真具有相当的"说服力"。

1. 太忙，永远是太忙

首要的理由肯定是忙碌。 因为，这是最容易找的理由。 在自己想要拖延的时候，总是可以想到各种各样被自己抛在一旁现在就必须做的事情。 比如当妈妈叫你："小宝，家里的酱油用完了，你帮我去买一下好吗？" "不行，我现在要学习，没空。" 可事实上，你正戴着耳机玩着电脑游戏，根本没有学习的意思呢。

拖延者用忙碌做借口时，不仅嘴巴说忙碌，更能表现得很忙碌——前一秒钟你看他还在上网闲聊，而一旦你询问工作的进度，他就真的开始"忙"了起来，电话打个不停，邮件写个不停，还总是有意识地看着手表说："哎呀！ 我约好了客户要去洽谈了，明天还得开会，这件事就先等一下吧。" 然后匆匆地收拾东西准备出去。

忙碌永远是拖延的第一借口。 因为这是最好找，也最让人没有办法反驳的理由：客观条件制约着你不能去完成这一项任务，这等于是推卸责任——不是我不想干，而是真的我太忙干不了，所以不能怪我啊。

2. 太累，实在是太累。 或者我病了，或真的很不舒服

"我累了，这件事情等明天吧""我今天身子不舒服，想早点回去""很晚了，我困死了，我要去睡觉了"……这是能拿来说服自己去拖延的第二大理由。 大家都知道身体是革命的本钱，留得青山在不怕没柴烧，所以什么任务啊活儿啊，比起自己的身体健康那简直啥都不是。 所以这也是拖延者说服自己拖延的最好借口之一。

奇怪的是，只要我们不让他干活，拖延症患者立马可以表现得生龙活虎——很多人都试过装病不上学吧？ 早上起床摸着头"哎哟我头好疼，我可能发烧了"，心疼你的父母只好帮你请假，可是请了假后，你立刻打开电脑上网聊天、玩游戏，刚刚的头疼宛如不存在一般；或者刚刚跟公司请了病假，说自己身子不舒服要去看病，结果刚请完假就立刻收拾行装出门逛街买东西……这些疲倦和病症大多数都是随着任务的实施而存在的并发症，每次都在拖延症患者工作的时候发作。

3. 感觉还有比这件事情更重要的事情

"这件事不是目前最重要的，目前对我来说首要的是……"这样的借口也是非常常见的。 这就如同之前太忙一样，自己想要拖延时，怎么都能够找到另一件比这件任务更重要的事情。 比起买酱油来说，自然是学习更重要吧？ 比起忙公司的事情，自然是自己的身体更要紧吧？ 比起等下的会议，自然是这一张好不容易花大钱买来的演唱会入场券更重要吧？ 鱼和熊掌不可兼得，为了照顾这边的完美，所以实在是不好意思，另一边的事情就先推迟一下子吧。

4. 还有时间，怕什么啊

就算是期限火烧眉毛了，他们都能够不紧不慢地说出这样的借

口——你着急什么呢，时间不还有的是么？

我们最初使用这样的借口，基本就是面对着自己的寒暑假作业时。看着自己因为放长假乐得整天玩耍睡觉，爹妈总是会担心地说别总是玩啦，作业还没做呢，可你仍然觉得这是在瞎操心。暑假这么长呢，作业什么的管他的呢。

5. 我就是不想干

这是最牛的借口了，而且还很理直气壮：我们努力工作的目的就是为了让自己能够过得开心，既然如此，这件事情让自己这么不开心却还要去做，那不是本末倒置么？又或者：人生苦短，及时行乐，没必要把精力、时间用在这些事情上。乍一看好像很有道理，只是，敢说这种话的人多半也都是玩世不恭的。人活在世上自然应当承担相应的责任，而用"这些责任会带给自己痛苦"这一点作为拖延的理由，那真的很有必要改变一下自己一直以来的价值观。

拖延症患者为自己的办事不力找借口简直是花样百出，但是归纳总结起来，不外乎上面这几点。想一想以前自己一本正经地为自己的拖延找借口时，是不是也这么滑稽过？也许自己在找借口时感觉不到，现在这样列举出来，自己作为旁观者看着这一类的借口，是不是觉得这些理由真的有些幼稚也有些可笑呢？

当我们在拖延的时候，就算自己不去想也会知道，现在必须干什么，现在不该干这个。虽然人都会有累了、烦了、困了的时候，但不拖延的人往往能够及时地处理好这些让拖延者一看就希望丢弃不管的难题。这又是为什么？当你总可以为你的拖延找出种种的借口时，不如想一想你身边那些从不拖延的人是怎么做的。理解了这一点后，自己也努力尝试一下与其寻找这些借口，不如啥都不想直接开工，这才是更加省心省事的做法。

端正态度：我才是事情的执行者

成功也好失败也好，去执行的终究是执行者自己。虽然你经常会在失败时不停对自己说"不行，我不能这样，这次我要振作"，但最终还是被自己的潜意识左右了自己的做法。该如何端正自己？这是自我管理的问题。因为说到底，当自我能够管理好自己，约束好自己，那么拖延也自然而然地不复存在了。

1. 完美的自己

行动上虽然一直严于律人，宽于待己，但潜意识上完美主义者对于自己的要求还是很高的。他们不允许自己有不懂的事情存在——比不过专业研究者，至少也要懂个皮毛好糊弄不明真相的群众。所以，他们经常把时间浪费在看各种杂学知识上，不管是天文地理，还是国内国际股票汇率什么的，总是喜欢看个一二三，然后没事就卖弄。这里并不是要阻止完美主义者对于知识的热衷，只是希望不要那么刻意营造出这样一个完美的形象出来。虽然没被揭穿前可能自我感觉良好，优越感满满的，但一旦碰上一个刨根问底的人问个不停，从而损害到你的完美形象，你能否像没事人一样一笑置之？是否过了很久都一直耿耿于怀？

抛弃完美的第一步就是抛弃自己心目中那个完美的自身形象，正确地看待自己。虽然你经常会在脑海中塑造一个如同游戏里所有天赋技能的点数都是最高值的角色一般的自己，但是在实际生活中，你根本没法子让自己达到这样一个完美的形象。你希望你自己精通八国语言，可你有那个时间和天赋去学习么？你希望自己体育全能，可你连最起码的身体锻炼都不去做。你希望自己能把事情安排得井井有条，可事实上你自己正为拖延所困扰并且还为此在看这本书……因此，别再苦苦为自己的完美形象烦恼了，正如列夫·托尔斯泰说的，最伟大的真理是最平凡的真理，正视自己，才能让自己发出最真实而耀眼的光芒。

2. 优点和缺点

正视自己是什么呢？就是认清自己是一个怎样的人。自己好的一面在哪儿，不好的一面又在哪儿。擅长的是什么，不擅长的又是什么。不要刻意去追求面面俱到的所向无敌，发挥你的长处——你理科好，那就努力把理科学得更好；你画画好，就努力在美术上发展；你细心周到，你擅长烹饪……这些长处虽然小，但都是属于你自身的闪光点。不要总是在你不擅长的事情上努力，如果希望外界更多地给予自己好评，那就多多表现出你优秀的一面；反之也一样，如果能弥补缺点那自然很好，但是若是不懂硬要装懂——明明英语只有半桶水还硬要死撑自己精通；明明五音不全还非要自我感觉良好地当麦霸……不擅长的事情请不要总是将其展示出来，那样只会让外界对你的评价越来越低。而一旦你得到了许多来自负面的评价，那就更容易让自身产生危机感与空虚感。

所以不管你喜欢的是什么，不管你擅长的是什么，努力将它们发掘出来，然后将这一些属于你的优点磨炼得更加优秀，让自己活得更加充实和自然。

重要的事情都要记录下来

既然是重要的事情，自然是要好好记得的——虽然这么说，我们的拖延症患者似乎很少长这记性。 拖延症患者依赖自己不靠谱的记忆力更甚于做记录——还要掏出纸跟笔或者电脑或者手机，多麻烦。话说回来，大部分自己认为"绝对不会忘记的事情"还真的是最容易忘记的事，任务更新频繁的工作尤甚。

1. 事无巨细，统统记录下来

为什么要让自己落得只能委屈地说"我忘了"来面对其他人责难的目光？ 既然是重要的事情，那就一件一件地记录下来，不要有任何遗漏。 如：

10 点 10 分将样品带给客户（必须事先联系设计部的小林）。

下午 3 点有会议，关于这次业绩的汇报有必要先做一个小总结。

客户大概是 6 点的飞机（中山路维修，金沙路在下班路段会很拥堵，要提前出发）。

下周三（25 日）有股东大会。

明早（7 日）联络供应商要求其解决这次原材料问题（原材料问题相关资料必须事先准备）。

临时变更，本周周会主持人是我，必须跟原定主持人交接议题。

营业部小王已办理事假，他的工作暂时移交小沈。

诸如此类。 事无大小一一记录下来，本身就已经是一个很好的加深记忆的过程。 然后养成时不时拿出笔记本确认的好习惯，确认自己该做的和没有做的重要事情。

2. 日记式记录法

有些人觉得上面这样无顺序的记录方法实在太糟糕，整理起来也不方便，那么我们也可以采取日记式的记录方法：

7月21日

（1）听证会9点举行，预定12点结束，但可能有所拖延。

（2）午餐约了部长，吃完后马上出发会见客户。

（3）投诉样品必须带上。

（4）下午3点电话联系小王寄出快递和发邮件提醒对方注意签收。

7月22日

（1）今天必须提交投诉分析报告书。

（2）约了人事部小黄询问最近的人事变动（10点）。

（3）课长吩咐下午2点之前统计一下最近某客户的投诉数据，转发给品质部的小林。

（4）部长私人拜托购买的球赛门票今天下班后处理。

3. 日历式记录

相对而言，日历式的记录方法更清晰实用。

如同表格一样，完成了的事情可以做个记号，由于是私人用，也可以使用一些自己才看得懂的记号表示，像会议可以用"△"，访问可以用"○"，加班可以用"#"之类，这样更加方便且一目了然。无论如何，重要的事情都记录下来怎么也不会是一件坏事，并且没事多翻翻自己的备忘录，不要因为自己靠不住的记忆力导致重要的事情被耽搁甚至被遗漏。

4. 杂事也要及时处理

与这些重要的事情相比，工作中难免会有很多琐碎的杂务，比如复印、打印一些文件，将不要的过期的文件作废放入碎纸机，购买文具，把一份文件拿去给其他部门的同事……诸如此类的杂务，因为实在是太琐碎了，我们难免会忘记，但是这些杂务往往关系到后面工作的进展——要是你刚好要参加会议，才发觉你忘记把会议资料打印出来，那确实让人感到很暴躁。

对于这些杂务活，尽量顺路同时解决，或者去跑腿的时候可以顺便解决其他事情——比如将一些资料交还给技术部，那么你可以顺路去请教一下在工作时遇到的技术上的小疑问，或者问问其他人有没有东西需要一起托付的。当然，最好的方法就是不要拖——往往都是非常简单的事情。

也许有的人不信，但我们在做事情的时候确实有一种叫作"节奏"的东西：事情刚上了轨道，自己好不容易把身心都投入在了工作上，觉得现在很有冲劲，很有状态，这就是一种工作的节奏。然而，当你处于这种节奏中，突然插入了这么一丝不和谐——比如你正文思如泉涌般地编写着报告书时，突然上司要你跑一趟腿，去其他部门拿点什么之类，这样的小插曲实在是很泼人冷水。而如果死皮赖脸地拖着，被对方问起来不仅不好意思，还会让对方对你留下坏印象，最后只能打乱自己干活的兴致和节奏，去干这些琐事。所以面对这一类杂务活，最好的办法就是赶快解决掉。然后，以最快速度回到自己的工作岗位上，重新调整自己的心情，让自己回到工作节奏上来。这样，因为杂务活导致的那点不协调和不爽的心情很快就会被高涨的工作兴致消除掉。

你的行动力就是你成功的宣言

人类进化成为最高级的动物，并且以独特的方式宣告：我可以直立行走了。 正是因为这样，行动力才被更好地执行，以至发挥到了极点。 而人类进化的进程中，行动力一直是人类适应地球的本能。

在今天这个全球一体化的经济时代里，行动力又有了另外的一种诠释：是人与环境互动的一种结果。 所以行动力的执行程度，成了人是否走向成功的标尺。 前段时间，行动力的定义备受争议：到底思考算不算行动力的一种？ 在这里，我们认为是。 周密策划一件事情，执着于某一个领域或某件事情，甚至一种品格，都属于行动力。 这些行动力的程度，决定了你成功与否。

梅丹理是哈佛大学经济管理学院的一名学生，无论是在学业上还是在家庭背景上，他都占据着优势。 可是毕业后，他并没有像其他同学那样到大公司或是自己家族企业里上班，而是选择了一家不太知名的小广告公司。 这让很多人无法理解，但梅丹理却对朋友们说道：“是金子总会发光，不管做什么事情，都要对自己有信心，因为没有什么是不可能的，只要你行动了。”下面我们就来讲一下梅丹理的故事吧。

梅丹理对事业是充满信心的。他刚应聘广告销售员这个职位的时候，对于这个职业还一无所知，老板便告诉他：“业务员就是把想象赋予行动，把幻想变成现实的职业。”

于是，梅丹理开始着手工作。他列出一份名单，准备去拜访这些很特别的客户。公司里的其他业务员都认为那些客户是不可能和他们合作的，但梅丹理执意要去试一试。

梅丹理怀着坚定的信心去拜访这些客户。然而，令所有人都想不到的是，两天之内，他和18个"不可能的"客户中的3个谈成了交易。直到第一个月的月底，18个客户中只有一个还没有同意合作。当然，梅丹理是不会轻易放弃最开始决定的计划的，行动会一直持续到成功为止。所以梅丹理决定继续拜访那位顾客，直到成功为止。

之后一段时间，梅丹理每天早晨，都到拒绝买他广告的客户那去报到。只要他的商店一开门，梅丹理就进去试图说服那位商人做广告，而每天早晨，这位商人都回答说："不！"可是每当这位商人说"不"时，梅丹理都假装没听到，然后继续前去拜访。到了这个月的最后一天，已经连续对梅丹理说了30天"不"的商人说："年轻人，你已经浪费了一个月的时间来请求我买你的广告，我现在想知道的是，你为何要坚持这样做？"

梅丹理说："我并没有浪费时间，这段时间我其实也是在学习，而您就是我的老师，我一直在训练自己在逆境中的坚持精神。"那位商人点点头，接着梅丹理的话说："我也必须向你承认，这一个月来我也一直在学习，而你就是我的老师。你已经教会了我坚持到底这个道理，对我来说，这比金钱更有价值，为了表示对你的感激，我决定买你的一个版面的广告，当作我付给你的学费。"

梅丹理凭借自己坚韧不拔的精神和实际行动，终于打动了客户，为自己赢得了机会。

梅丹理的成功让我们看到了行动的魅力。他用实际行动把"不可能"的事情变成有可能。 有人问，难道这是因为梅丹理智慧超凡吗？ 错了，梅丹理跟我们一样平凡，没有过人的智慧，而梅丹理正是因为敢于付诸行动，才把许多人认为不可能的事变成了现实。 在这里，如果说梅丹理有什么过人能力的话，敢于行动就是他的过人之处。 换句话说，你也可以，不是吗？

行动的力量是巨大的，有时候它可以把人们一贯认为的"不可能"变成可能。 你常常会听到这样一句话："心动不如行动。"说得一点都没有错。 行动是成功的必经之路，假如你连行动都没有，那就更谈不上成功了。 不管是什么样的道路，都要有一个开始，行动就是那个开始。 不要认为别人都不去做的事情就是不可做的事情。 别人连行动的机会都没有给予某一件事，我们又何以判定某一件事情不可为呢？ 所以行动是成功的实验室，是否成功都要行动过后才能得出结果。 这就好比一个科学专利一般，连实验都没有通过，那又怎么能得出该专利是不是实用、可用呢？ 所以，我们与其沉浸在幻想的人生里头，还不如付诸行动。 只有一次次实际的行动，才能证明哪条路才是你要走的，也只有这样，成功才会属于你。

当你迈出第一步的时候，你的行动就是你的宣言。 成败与否，让行动去定夺吧。

突破自设障碍，改掉拖延习惯

33 岁的艾伦拥有一家不算小的公司。他愁眉苦脸地找到哈佛商学院的罗伯特·默顿教授，倾诉了自己的烦恼："我从哈佛大学毕业后，进入一家咨询公司做项目经理，不久后就辞去工作开始创业。现在，我的公司不是很大，业绩好的时候每年也就1000万美元的利润，这让我很有挫败感。我是一个有理想的人，特别想成就一番大的事业，因为只有那样，才能证明我的能力。我的目标是最起码得让公司上市，这样每年至少要有1亿美元的利润。不然，我的人生就太失败了。我觉得我有能力实现我的目标，也不害怕遇到困难。只是，有个问题一直困扰着我……"

在看到默顿教授鼓励的眼神后，艾伦继续说道："我现在感觉非常有压力，心里常常会莫名其妙地产生一种不安……"

"压力很大？心里不安？有什么具体表现吗？"默顿教授问道。

"在遇到事情的时候，我总是不能够当机立断，而要将思考或者执行的时间一拖再拖。"

"拖延？在什么情形下会有这种情况？能举个例子吗？"默顿教授引导着。

"比如，有一次，公司为了争取一个项目而和另外一家公司谈判。在谈判之前，我就听说对方谈判代表是一个不容易搞定的人。但第一轮谈判下来，我感觉非常成功，也能感觉到对方对我的赏识。第二轮谈判本该趁热打铁，尽早安排，但我却为自己找了很多借口，迟迟不肯和对方约定谈判时间，甚至不和对方联系。有几次我拿起电话，就要拨通号码的时候，又将电话挂断了。最后，还是对方主动联系到我们。虽然最终合作成功了，但每次遇到一些重要的事情，我总是想方设法地为自己找理由，将事情往后拖延。"

"还有没有其他情况呢？"

"另外一次，是我需要为一个项目准备一份文件。这份文件虽然不太难，但需要做大量的资料搜集和整理工作。我总是从白天拖到晚上，又从周一拖到周五，就是迟迟没有着手准备。当然，我准备了很多拖延的理由。结果，我最终没有采取任何行动，而这个项目就这样拖过去了……"

"也就是说，虽然你经常拖延，但是有些事情，你仍然取得了成功，而另外一些事情，就直接拖延过去了。是这样的吗？"默顿教授问道。

"没错，就是这样。"艾伦点点头。

默顿教授笑着说："如果我猜得不错的话，你读书的时候，面对考试之前的复习，也经常会发生类似的拖延情况。对吧？"

"是的，您怎么知道？"艾伦有些疑惑，"读书的时候，我总是仗着自己脑子聪明，平时学习的时候也不好好学习。在临近考试的时候，其他同学都忙着复习功课，我却在一边忙着看小说，我将复习的时间一拖再拖，总觉得还有的是时间。直到考试的前一两天，我才会匆匆翻一翻书……"

"那你的考试成绩怎么样？"

"我这个人还比较聪明，虽然复习时间比别人少很多，但是考试成绩还不错。有些努力复习的人考得还不如我。"

"看到考试结果的时候，你有什么想法？"

"觉得自己非常聪明。你看，那些刻苦复习的同学，有很多都没有我的成绩好。老师和同学们也认为我非常聪明，我也常常感觉有些飘飘然。不过，也不是总是考得很好，也有考得糟糕的时候。但是，每次考得不好，我就会想，谁让我没有好好复习呢，老是拖延时间；当初好好复习，肯定能考个好成绩的。"

"现在怎么样？每次拖延之后，有什么想法？"默顿教授把艾伦从回忆中拉出来。

"和以前一样。如果事情虽然经过拖延，但最后还是成功了，我就会自我感觉良好，认为自己很有能力；如果拖延之后事情失败了，心里就会觉得是因为自己拖延才把事情办砸了，如果当初没有拖延的话，凭自己的能力，一定可以将这个项目拿下。"

默顿教授点点头，表示理解他的想法："可是，无论怎样，你还是隐隐约约地感觉到，做事的时候一直这样拖延，会让自己心里感到不安，感觉非常有压力，是不是这样？"

"是的，我就是这么想的，这种感觉让我非常不舒服。您说，这到底是怎么回事呢？"艾伦用求助的目光看着默顿教授。

默顿教授回答说："你之所以会在遇到事情的时候采取拖延的态度，其实就是在给自己设置障碍，而且，久而久之，它已经成了你的一种行为模式。"

所谓自设障碍，就是在面临被评判的情况时，为了维护自己的自尊，往往会说出一些对成功不利的话，或者采取一些不利于成功的举动。这种言行就好像是给成功预先设置了一个障碍。

之所以会自设障碍，主要就是由于对成功信心不足，担心自己全力以赴努力之后，却以失败告终，并因为失败而遭受他人的嘲笑，承受他人对自己的较低评价。为了维护自尊，他们就会采取一些自设障碍的举动。而通过自设障碍，他们在没有取得成功的时候，就可以将失败归咎于这些障碍，而不会追究到自己能力的层面上。这样，如果成功了，自己在他人眼里就会得到更高的评价；而如果失败了，也不会落到过于丢脸的地步。

另外，自设障碍还可以使自己的心理压力和焦虑情绪得到有效缓解。比如，艾伦在进行拖延之前总会找出各种理由，就是因为这些借口可以使他的心理得到安慰，认为自己之所以拖延是有正当理由的，是可以原谅的。这样，尽管并不能真正解决心理压力，但却能够起到暂时的缓解作用。

默顿教授指出，一个理性的人之所以会有意无意地通过自设障碍的方法来降低自己的成功概率，主要是因为他对自己的信心不足，担心自己会让他人失望，担心自己会得到他人的负面评价。自我设障者主要是想通过这种方法来维护自己的形象，暂时逃避或疏导紧张状态。

默顿教授告诉艾伦，如果想改变这种境况，他必须激发自己的活力，比如通过自我发问的方式来进行反思。具体说来，艾伦可以就以下问题对自己展开询问。

第一，为了迈出第一步，可以使用哪些个人资源？思考这一问题，是让艾伦反思自己是否因为断定某种状况太过复杂，不利于执行事务，而采取拖延政策。如果的确有这种情况，就应该及时调整思维过程。考虑到底是什么因素使这项任务变得艰难，自己可以通过哪种方法来解决这些问题。在思考过程中，要将信念、猜测和客观事实区分开来，以防从心底夸大解决问题的难度，影响自己执行任务的心态。

第二，考虑自设障碍是不是和期望的目标产生了矛盾。如果的确如此，就应该做出改变，在脑海中出现自设障碍的信念之时，在从心理上将事实的真相模糊了的时候，就立即采取措施。比如，把自设障碍式的拖延思维看成是一种长期存在的错误认知，并坚定自己能够纠正这种错误的信心，从而使拖延思维的这种具体形式暴露出来，为进一步纠正错误思维奠定基础。

第三，自设障碍的思维和行为描述与"立即行动"的思维和行为描述有何不同？通过将意识到的自设障碍的思维与行为与"立即行动"的思维以及行为进行比较，加强自己对自设障碍的思维与行为的认识。

通过对这三个问题的思考，艾伦就能逐渐改变拖延思维。为了彻底改变艾伦的拖延行为，默顿教授还对艾伦展开了行为训练，通过训练来培养他"立即行动"的主动性和坚持到底的习惯，使他将开小差的思维扼杀在摇篮中，从而在拖延行为开始之前就采取应对措施，保证艾伦在开展事务的时候始终保持一股冲劲，最终以较高的热情在最后期限之前完成任务；而他的焦虑和不安，也会随着自己按时完成任务而成为过去式。轻装前进的艾伦，正逐步靠近自己的目标。

如何把拖延发生的概率降到最低

曾有人在网上发起过一个活动：每天早上写下自己当日的工作计划，等到晚上的时候再跟帖说明一下完成的情况，看看自己是按时执行了，还是拖延了。参与这项活动的人很多，大多数人早上都信心满满地写下了要做的事，可到了晚上却都丧气地感慨："真烦啊！又没完成！"

看到这儿，很多并未参与这项活动的人表示，其实自己也跟他们差不多。虽然心里很想彻底摆脱拖延的毛病，可就是克服不了心理上的惯性，总感觉自己很难一口气完成某项任务。

对此，加拿大卡尔加里大学的教授皮埃·斯蒂尔用了十多年的时间，研究了上百种的拖延情况，最后得出一个结论：长期以来，人们对于拖延的解释——太忙了和太懒了，并不太正确。和普通人相比，患有拖延症的人更冲动、更古怪，令人捉摸不定，他们很少关注事情的细节，也不太尽职尽责。他们相信自己可以完成某项任务，并且很在乎自己是否真的能完成，这一点跟懒惰的人全然不同，懒惰的人根本不在意任务是否能完成。当然，拖延的人和懒惰的人也有共性，那就是他们都喜欢找一大堆天花乱坠的理由给自己开脱。

斯蒂尔教授对拖延进行深度研究后还发现，一个人是否拖延，以及成功戒掉拖延习惯的概率有多大，是可以计算的。对此，他提出了一个"拖延症计算公式"：

$$U = EV / ID$$

在这里，先给大家解释一下，公式中各个字母所代表的意思：

U：完成给定任务的愿望；

E：对成功的期望；

V：创造的价值；

I：任务的紧迫性；

D：主观拖延的程度。

这个公式意味着，人往往会拖延那些无法立刻见到回报的事，而会把精力全部放在能够直接产生效益的活动上。

举个最简单的例子：有人让你做一件事，可以选择两种回报方式——马上给你 50 块钱，或者是一年之后给你 100 块钱。多数人肯定会选择马上就拿到 50 块钱。因为这是立刻能看见的回报，至于一年之后的事，那谁也不敢说。

如果换种方式：有人让你做一件事，依然是两种回报方式——五年之后给你 1000 块钱，六年之后给你 2000 块钱，那么多数人又会选择 2000 块钱，因为都是无法立刻看见回报的事，无所谓再多等上一年。

言归正传，回到拖延公式的问题上来。斯蒂尔教授认为，这个公式不仅可以计算一个人成功克服拖拉习惯的概率，还能预测拖延什么时候会发生。通过分析分子、分母的大小，然后据此调整行为模式，就可以帮助人们把拖延发生的概率降到最低。对广大拖延的人来说，这个公式的确是值得一试的好办法。

第八章

哈佛大学送给青少年的第八份礼物：全神贯注

让思想聚焦，注意力回归

我们每一个人都有自己的思想，所以形成了形形色色的人和社会。生活中，我们常常提到的世界观和人生观就是我们个体思想的终极表现，生活的轨迹以及经验累积都在沿着思想的标准前行并不断强化，形成一个恶性的或者良性的循环。

不难理解，缺乏自控力的人很难进行深入而持久的思考，因为几乎所有的思考行为都需要分析利弊、判断优劣的能力。而所有自觉的思考也都将对自控力的培养起到积极的作用。那么，我们不妨从现在开始，通过对思考的训练来提高自控力，增强意志力。

1965 年 9 月 7 日，美国纽约举行世界台球冠军争夺赛。路易斯·弗克斯一直处于领先地位，用不了多久冠军的奖杯就会属于他了。

最后一场决赛刚刚开始，他突然发现有一只苍蝇落在主球上，于是他挥杆将那只苍蝇赶走。不过，戏剧性的一幕出现了，当他俯身准备再次击球的时候，那只苍蝇又飞了回来。

观众们都笑了，他再次扬手赶走了苍蝇。

此时，他的情绪已然被这只苍蝇破坏了。更让人不可思议的是，这只苍蝇仿佛偏偏要和他作对似的，等他一回到球台，就又飞回到主球上，观众们也哈哈大笑起来。

路易斯·弗克斯乱了方寸，接连出现失误，而他的对手约翰·迪瑞却越战越勇，逐渐赶上了他，并且最终战胜了他，捧走了本该属于他的冠军奖杯。

次日清晨，人们在河里发现了路易斯·弗克斯的尸体，他投河自尽了！

与其说这是一只苍蝇引起的悲剧，不如说是路易斯·弗克斯自己造成的悲剧。如果路易斯·弗克斯能够控制好自己，将注意力集中到该做的事情上，而不去理睬那只苍蝇，那么当主球飞速奔向既定目标的时候，那只苍蝇自然就会自己飞走的，也就不会最终演变为一场令世人唏嘘的悲剧。

其实，无论在生活中，还是在工作中，我们总能遇到很多对我们的思想和注意力造成干扰或者阻碍的"苍蝇"，而且更多的时候，我们在没有干扰的情形下，依然会无法控制好思想，任其漫无目的地云游。19世纪的一位哲学家有个怪癖：他在思考的时候，习惯在衣柜上放个苹果，倘若不这样做，他就无法专心思考。也许我们也像他一样在某一情境下才能专心。那么，如何控制好思想，让注意力回归，从而提升工作效率，帮助我们更好地处理事务呢？

（1）找到事物的价值所在。假如你对开会很反感，常常精力无法集中，不如激励自己换个角度思考问题：总结开会的好处在哪里，分析自己可以从中学到什么。

（2）分阶段逐步展开。 我们要学会分割事情，将复杂烦琐的事情切割成简单的组合，这样做会帮助我们把注意力集中到当下正在进行的段落，不因干扰而分心。

（3）确定目标。 清楚地知道自己的目标是什么，凸显出目标的重要，那么当下就不必浪费太多时间做与目标没有关系的事情。

（4）有时间观念。 把要做的事情都列清楚，每件事情什么时候做都要事先规划好，这样可以帮助我们按部就班地完成计划。

（5）分清主次。 把要做的事情按照轻重缓急进行排序，然后从重要的开始做起。

（6）营造好的环境。 打造一个可以让自己专心的环境，尽量让分散自己注意力的事情减到最少。

（7）千万别矫枉过正。 适当地提醒自己要专心是有效的，倘若过分强调"不让注意力分散，我要专心"，反而容易造成紧张，导致工作效率下降。

控制思想的重要性

通过专注思考的力量，你可以根据喜好随意塑造自己。 通过思考，你可以大幅提高效力和实力。 你被各种想法包围，这些想法有些是好的，有些是坏的，如果没有树立乐观的心态，你肯定会吸引某些不良想法。

如果对焦急、担忧、沮丧、气馁等无用情绪以及其他由失控思想产生的情绪进行分析，你便会认识到控制自己的思想多么重要，正是思想将你打造成当前的模样。

思想的威力将使你认识到你的潜质。 永远不要忘记：思想塑造环境、决定交友，想法变了，环境和朋友也会随之而变。 这难道不是要学的一堂实用课吗？ 美好的想法具有建设性，邪恶的想法具有破坏性。 渴望做好事的人，身上有一股伟大的力量。 希望你能充分认识自身想法的重要性，懂得怎样赋予这些想法以价值，希望你明白思想是通过无形的导线来到你脑海并改变你的。

如果你的想法十分淳朴，就会与具有同样内在品质的人交往，从而帮助自己。 如果你的想法诡计多端，就将招来奸诈者与你同行，而他们将设法欺骗你。

如果你的想法相当宽厚，你就将激起与你交往者的信心。

取信于人时，你的信心和力量也将增强。 即便在处境最艰难的时候，你也将很快了解自身想法的巨大价值，以及自己可以变得多么安宁。

这种满怀善意的想法，将使你与其他有所建树的人、当你需要时给你提供帮助的人和谐相处。 几乎每个人都会经常遇到这种情况。

现在你该知道将思想汇聚于适当渠道多么重要了吧。 人们应该相信你，这一点毋庸置疑。 两个人相遇时，双方没有时间了解对方的底细，他们凭直觉接受对方，而直觉往往靠得住。

假如你遇见一个人，他的态度让你心生狐疑，你可能说不清什么原因，但有个声音对你说：“不要和他交往，因为和他打交道你会后悔的。” 有什么样的想法，就有什么样的行动。 所以，要对自己怀有的想法反复思量，生活将按照你怀有的想法来被塑造。 有一种精神力量将随时接近你的想法，当你令人钦佩时，你可以吸引一切美好的事物，而无须付出很大努力。

阳光照耀着花园，但我们栽下的树木可以挡住阳光。 就算没有挡住光线的想法和行为，也会有一些无形的力量等着帮助你。 这些力量的作用是潜移默化的，"种瓜得瓜，种豆得豆"。

你已经积聚了内在力量。这些力量一旦爆发，将给你带来超出想象的幸福。多数人都匆匆度过一生，几乎活生生赶走了自己追寻的那些东西。通过集中精力，你可以使生活发生革命性的变化，你将取得更多的成就而无须付出艰辛努力。

洞察自己的内心，你将发现那台最伟大的机器已经制造完毕。

控制思想的方法

有些力量能够强化常人几乎想不到的想法。当你学会了更多地相信思想以及思想定律的价值时，你将沿着正确的方向前进，而你的商业利润也将成倍增加。

以下方法也许能帮你更好地控制思想。如果不能控制恐惧感，不妨对自己不正确的决心说："不要踌躇，不要害怕，因为我并不真的孤立无援。有许多无形的力量环绕着我，这些力量将帮助我消除不利的外在表现。"你将很快积聚起更多的勇气。无畏者与胆小者的唯一区别在于其意志和希望。因此，如果缺乏成就感，不妨相信成功、渴望成功、追求成功。你可以采用同一种办法，激起与渴望、志向、想象、期待、雄心、理解、信任、自信有关的想法。

如果变得焦躁、暴怒、气馁、犹豫或担忧，那是因为你没有得到自身大脑"高级力量"的帮助。你可以用意志精心组织思维的力量，从而让情绪仅在你希望它改变时而不是环境迫使你的情况下改变。

有人曾经问，能否就专注于吃食或走路时看到的事物提个建议。回答是：无论做什么，都要锻炼自己不考虑别的、只考虑眼下事情的能力，控制那些无关紧要的行为，否则，就养成了一种将来难以克服的习惯，因为你并没有养成集中精力的习惯。 你的才能无法做到一会儿分崩离析、一会儿又组织得井井有条。 如果做小事时听凭大脑漫无目的地思考，那你很可能是在白费工夫，一旦真有事要去做，就难以再集中精力了。

能够专注的人是幸福的、忙碌的。 时间止不住他们忙碌的脚步。 他们总有很多事要做，他们没有时间考虑过去犯下的、让自己不快乐的错误。

如果能做到即便经历挫折与失败，也能展示自己的优长，那么，"生命、真理和力量就像一股电流"，将流入我们的生活，直到我们得到"不朽的生存权"。

不经过训练，意志是不会为干脆、果断、机敏服务的。 相对而言，真正知道每时每刻都在做什么的人少之又少，这是由于他们不能很有规律地、相当准确地去观察，从而知道自己在干什么。 倘若锻炼专注力，磨炼干脆、机敏、果断思考的能力，便会知道自己什么时候做什么事。 如果听任自己对正在做的事忧心忡忡或者仓皇失措，那么你的行为便不会清晰地映射到主观思维上，从而无法真正认识自己的行为。 因此，只有磨炼思想的准确性、专注性以及与事实的绝对一致性，你便会很快学会专注。

集中精力的收获与时机

不要忘了，集中精力的真正收获在于摒弃外部想法———一切与所思考主题无关的想法。 既然如此，为了控制意念，首先要控制身体。 身体必须置于大脑的直接控制之下，而大脑则受意志的控制。

你的意志十分强大，足以做想做的任何事，但必须意识到这一点。思维可以在意志的直接影响下得到极大增强。当思维通过意志的冲击得到适当增强时，它便变成一种更强大的思想"传送器"，因为它具有更多的力量。

集中精力的最佳时机，是读过某些鼓舞人心的读物之后。因为此时你的心理和精神都在"理想王国"中得到了升华。接下来的时间里，你可以做好专心致志的准备。如果在室内，先看看窗户是否打开，空气是否清新。平躺在床上，别用枕头。看看每块肌肉是否都在放松。现在，缓慢地呼吸，让肺部舒适地充满新鲜空气；尽可能保持长时间，不要使自己紧张；然后再慢慢呼气，呼气要以一种惬意的、有节奏的方式。以这种方式呼吸 5 分钟，让"非凡的呼吸"流遍全身，这种呼吸将净化大脑和身体的每个细胞，并使它们重获活力。

接下来，你要继续下去。现在，想想你是多么安详、多么放松。你会热衷于这种状态，想象自己将要接受某种知识，而这些知识比你以前曾经接受的知识伟大得多。现在，放松一下，让心灵鼓舞你、帮助你实现向往的目标。

不要让任何疑虑或恐惧插进来，只用感觉希望的东西即将显现。只用感觉它已经显现（事实上的确已经显现），因为就在你渴望完成某事的那一刻，这件事便已经在思维世界里显现了。无论何时专心致志，都要相信会达成渴望的目标。保持这种感觉，不允许任何因素干扰，你将很快发现自己已经拥有专注的支配力量。你会发现这种练习对你具有神奇的价值，发现你很快便能学会去做任何事。

学会专注：一次做好一件事

你是不是看见过这样的情景呢：

"真的好喜欢同时做几件事情！感觉像超人。"栀子说，"我觉得我是典型的双子座。"她还很相信星座。

每次打开电脑她都要重复做几件事，打开几个不同的邮箱，查看歌迷会的帖子，看自己的空间留言，百度也要走几趟——上电影院的网站看新的影片预告。这些都是最基本的行为，大概做完这些她才能够安安稳稳地继续看看新闻和写东西，在写东西的时候一定要听着歌曲或者喜欢的戏剧。

栀子说她就是这样的，中学的时候作业很多，功课也很繁重，别人需要安安静静地专心做一件事，但她不是，她总要听着歌曲或音乐才能静下来做事。睡觉的时候，为了帮助睡眠，她要开着收音机，现在则是给电脑设个定时关机，给自己大概半小时的听东西的时间，她听着听着睡着了，电脑也正好关机。

在外人看来，栀子的生活绝对是多彩多姿。工作这件事绝对不会成为她的生活重心，游戏、玩耍、和朋友聊天吃饭、学英文、跳韵律舞、练瑜伽等事情都满满地排在她的日程表上。

她事情倒是做得很多，可是效率呢？肯定不会高。我们只有静下心来，专心于一物，心无旁骛，一心一意，才会把一件事做完做好。如果好高骛远，同时做好几件事情，那你就需要一会儿思考这个，一会儿考虑那个，也许你的头脑还没有转换过来，就着手进行别的事情了，这样怎么能做得好呢？所谓"搏二兔不得一兔"就是这样。

古往今来，凡是卓有成就的人，他们都有一个共同点，那就是把精力用在做一件事情上。专心致志，集中突破，这是他们做事卓有成效的主要原因。

法国著名侦探小说作家乔治·西默农在写作的时候，就把自己完全和外界隔绝开来，不接电话，不见来访的客人，不看报纸，不看来信。也许他的方式是常人难以理解和做到的，但结果就是他能在相同的时间内完成常人花十倍时间也难以完成的任务。他之所以成为成功人士，不全是因为他有比我们更高的天赋，也是因为他做事情比我们更加专注，更善于利用时间和管理时间。

在所有时间管理的原则中，最重要的一条莫过于要专心致志。那些在时间管理上有严重问题的人，大都因为他们想同时做很多的事情。的确，有些事情也很重要，不过还是不能一次同时解决。只有按照合理的次序，才能做到有条不紊。心急吃不了热豆腐，一口吃成个胖子的想法是不切合实际的。

一次只专心做一件事情，全身心投入并积极地希望它成功，这样你就不会感到筋疲力尽。不要让你的思维转到别的事情、别的需求或别的想法上去，专心于你已经决定去做的那个项目，放弃其他所有的事情。

同时做几件事，这种急功近利的做法是不可取的。当你集中精力于眼前的工作时，你会发现你将获益匪浅——你的工作压力会减轻，做事不再毛毛躁躁、风风火火，变得条理清晰。

把你需要做的事想象成是一个大排抽屉中的一个小抽屉。你的工作只是一次拉开一个抽屉，令人满意地完成抽屉内的工作，然后将抽屉推回去。不要总想着所有的抽屉，而要将精力集中于你已经打开了的那个抽屉。一旦你把一个抽屉推回去，就不要再去想它。了解你在每次任务中所需担负的责任，了解你的极限。如果你把自己弄得筋疲力尽，失去控制，那就是在浪费你的效率、健康和快乐。选择最重要的事先做，把其他的事放在一边。做得少一点，做得好一点，才能在工作中得到更多的快乐。

一个人的精力是有限的，所以才需要我们对时间做更好的安排，按照事情的重要程度来依次往下做。只有这样才能知道事情的轻重缓急，才不会一会儿挖地、一会儿放牛，摸不清自己的方向，做事没有效率。

一个人围着一件事转，可以付出100％的精力；一个人围着全世界转，付出的努力就显得微乎其微了，最后全世界可能都会抛弃他。我们要选好重要的事情做下去，一段时间内做好一件事情。

专注给人以平和的心态

你会发现，专心致志者一般心态很好，而任思维漫游的人则容易焦躁不安。处于这种状态时，智慧无法从潜意识的"仓库"跑出来变成意识。必须先有心境的宁静，随后才有这两种意识的亲密合作。能够做到专心时，你便有了宁静的心境。

如果你有心理失衡的习惯，不妨养成阅读文学作品的习惯，这种习惯有一种定神的力量。下一次你觉得自己的平衡状态开始倾斜时，不妨说"安静"，然后保持安静的想法。这样一来，就永远不会失控。

没有安宁的心境，就不会有专注的状态。因此，要始终想着宁静，保持以宁静状态行动，直到以平常心看待身外的一切为止。一旦达到这种状态，就能毫不费力地将精力集中于希望的任何事上。

拥有平静心态时，你不会胆怯或焦虑，不会惧怕或呆板，也不会允许让你分心的任何想法影响你。 你抛掉了一切恐惧，将自己想成圣灵的火花，想成充斥于整个时空的"宇宙法则"显灵，从而将自己想成具有无限潜力的苍天之子。

在一张纸上写下："我有力量做一切想做的事，有力量成为一切想成为的人。"始终在内心描绘这张纸，你会发现你的想法将让你大受裨益。

因为专注，所以简单

1. 专注的人必能成功

（1）成功的神奇钥匙：专注

如果非要给"专注"下个定义，那就是：把意识集中在一个特定的欲望上，并且这种集中一直持续到找出实现这个欲望的方法，还要把它成功地付诸行动。

在这一行为过程中，涵盖了两项重要法则：一个是"自我暗示"，另一个就是"习惯"。

（2）凡事专注才能成功

因为专注所以成功，专注让你把外界的烦乱摒弃在自己的耳朵之外，达到一种忘我的境界。 只要我们能找着一个专注的对象，无论情况多糟糕，我们都能保持泰然的态度。

在多年前的一个晚上，芝加哥城里举行一次聚会，一对穿着几十年前做的衣服、正在看热闹的古怪夫妇被一大群人包围着。他们的一举一动都被这群好奇的观众引以为乐，可是观众的注视并没有得到这一对老夫妇的响应，他们对这群人视而不见，他们只管自己，他们自顾自地欣赏着街上五颜六色的灯光、橱窗内陈设的华丽货品和拥挤喧嚣的人群。街市的繁华完全将他们吸引了，他们丝毫没注意到他们已经变成了别人的焦点，那种乡土模样及举止引起了人们莫大的兴趣。

人都是自恋的动物，我们常常自以为是被注意的中心，可实际并不是这样，这只是我们的心理导致的一种错觉、一种惯病。相信大家都有这样的感觉，当我们穿了一件新衣服，总感觉别人都在注意你。其实这完全是自己的臆想，你这样想，别人也会这样想：如果你真的吸引别人的注意力，那大概是因为我们的这种心理使我们表现出一种可笑的态度，而不是由于衣服。

同样，如果一个人专注在他的工作上，那么任何东西都不能打扰他，都不能使他感到不安，他的世界里只有工作。如果别人的注意使你不能安心地工作，不要试图去克制不安，最好的办法是把你的注意力集中在工作上，思考怎样做得更好。如果你感觉已经做得很好了，即使别人同情你，你也不会不安。你之所以不安，是因为你怕别人看出你工作做得不好，怕别人看出你的错误、你的秘密，这种害怕的心理又会导致你产生紧张的情绪，紧张的情绪是你不想显露出来的，可是你的害怕会让它越发地显露出来。

有一次，一群中学生想出了坏主意，他们知道一个女孩子感觉特别敏锐，就想戏弄她一番。那个女孩子正在礼堂里弹钢琴，于是他们故意坐在她的视力所能达到的范围，以便能让她看见他们，而且这一群中学生一动不动地注视着她。

因为这个女孩子有极敏锐的自我感觉，所以她立马就感觉到了有人在注视着自己，于是她开始不安起来，开始躁动，她的脸涨得通红，直冒冷汗，手开始颤抖，钢琴也弹得不如刚才好，最后她实在受不了了，不得不停止弹奏，退出礼堂。

如果这位女孩子能像那对芝加哥聚会上看热闹的夫妇一样专心，她就不会受这群中学生扰乱而中途退场，她甚至不会感觉到他们的存在。这些学生正是知道她的敏锐的自我感觉能让她注意外界比关注于音乐更厉害，所以他们才能以注视的方式成功地扰乱她。

专注在一件事情上，那么这件事情就一定能做好。专注在工作上而不是只想到你自己，你就会增加做事的效率，减少自我感觉的敏锐程度。可是对许多人而言，别人比自己的工作或者正在做的事更吸引自己的注意力，所以，成功人士较平庸的人而言是少之又少的。如果你在该专心工作的时候专心工作，该专注别人的时候对别人表示真诚的好感，那么你就会获得成功。

其实，当你深入地研究人类的心理和行为的时候，你会发觉人类是世界上最有趣的动物。但凡获得一定成就的人士，都懂得如何研究各种各样的人的心理，以及这些心理是如何发挥作用的：法国将军福煦就是这样成功的人士，他并不同意其他年轻军官的观点，认为只把士兵的乡土特性和性格弄清楚就足够了。他通过研究"人"来获得对整个战争的认识，他对人的研究包括：面对危难时士兵们的实际动作，而不是他想象的动作，还有引导他们如何动作。如果你也能这样研究人，即使再多的人注视着你，你也不会感到面红声颤了。

产生敏锐的自我感觉是因为你过分地专注自己。要想克服它，有一个简单有效的方法，就是找一点别的事情来分散你的注意力，慢慢地将你所有的专注都集中在这个代替物上，那你就不会再想自己了。比如你做一个演讲的时候，心里只想着你讲话的内容和你的观众，而不是想你自己，你就不会感到紧张了。

如果你把所有的专注都集中在你所做的工作上，那么就不会对自己的得失过于敏感了；如果你的心里只想到如何了解你的新同事、新朋友，而不是整日沉醉于自我，那么你就会很快地了解他们并和他们相处得很好。

一个人是不会长时间地关注一个陌生人的。每个人都很忙，你感觉别人很关心你，你时刻吸引着别人的目光，那只不过是你臆想出来的而已。明白了这些，你在他们面前就会轻松自如，就不会感到不安了。用一种平和的心态和别人亲近，你自己会感到很舒服，你的心态和行动也会感染到别人，他们也会感觉很愉快。这样，你恬淡的态度也会有所加强，不需要去刻意地假装，只要不把自己看得太重。

2.如何才能专注

用理智分析你的头脑，用理智挖掘你的能力和内在的控制力。

你有时候感觉你的思想和你现在所做的事简直就是南辕北辙，你根本无法控制你的注意力，无法集中思想思考问题，你很困惑；有时候你又很焦虑，担心某件事情产生你不想要的结果。这时，为了不让事情变得更糟糕，你需要让自己的头脑冷静下来，集中自己的注意力，用清晰理智的思路思考问题，取得你想要的结果。

（1）怎样专注才有效果

多数人不会把自己百分之百的注意力都集中在一件事情上，往往在做这件事的时候还在想着另外一件事。人类的头脑很复杂，它无时无刻不在进行着变化，形成各种意识流，就连睡觉的时候也在交谈着——做梦。那么现在，你有多少注意力集中在了这页书上？你的大脑里有多少意识在形成？又在进行着什么样的交谈？

此刻，如果你正不可控制地把你集中在手头工作上的注意力分散开来，那么你的大脑就会想一些其他的事——我们其中大多数都会想一些苦恼的事：已经发生了的、将来可能发生的。这些让你转移注意力的消极的想法会让你产生错误的观念，做出错误的决定，让工作变得很难进行，注意力就更不能集中。这样就形成一个恶性循环，使你陷入矛盾的挣扎中。

这时，你需要一个"日常能力选择"来阻止注意力的转移，消除这些对你产生压力的情绪，重新专注于你手头上的工作。无论何时，不要让你的大脑游离在你的控制之外，集中了精神，你的思想会越来越理智，思路会越来越清晰，你也会越来越放松。

同时，在这个"日常能力选择"的帮助下，你会慢慢地把集中注意力看得很重要，会把每一件你要做的事情以专注的方式完成，这样你的办事效率就会更高。除此之外，你还会形成一个使你对自身、对外界一切事物感觉良好，让你处理事情快速有效、心情更好的关于现实的综合观念。

综上所述，这个"日常能力选择"包括三个基本思想。

①消除你头脑中的消极的想法。

②将你的大脑控制在你当前的工作上。

③能够让你在那些能赋予能力的事情上集中注意力。

当焦虑和担心充满了你的脑袋时，当你做一件事想半途而废时，当你墨守成规、难以创新、感到困扰时，当你思路混乱，无法专注时；当你为做一件小事而耗费大量精力和时间却仍然没有取得成功时，你就应该考虑使用"日常能力选择"了。如果你在每天早晨就能让自己拥有理智的思维、专注的精神和冷静的自控力，并一天保持这样的状态，那这一天你肯定会过得很高兴。 清晰的头脑和沉着的态度，会使你更加放松、更加专心、更加富有创造力地思考问题，做事变得更有效率。

（2）这是你的选择

当你处于一种紧张和精神压力并存的状态时，你根本不可能专注于你手头的任务，你的思路也会乱成一团，不能清晰地思考、出色地完成工作。 那么这个时候你必须立刻做出一个你认为恰当的选择。 下面有两种选择。

①使用"日常能力选择"，消除你头脑中消极的想法，立马进入当前的工作状态。 随时控制你的大脑不要游离在你所必须做的事情之外；集中注意力，保持清晰的头脑和沉着的态度，提高办事效率，富有创造力地思考问题，以便做出的决定保质保量，尤其在强大的压力之下时。

②选择继续并加强你的这种状态，让那些已经发生了的或将来可能发生的苦恼事情转移你的注意力，让你产生压力，阻碍你思维的前进，从而使你无法清晰理智地思考问题、解决问题。 而你也只能做出鲁莽的决定或者根本不能做决定，你的效率不能提高，可能还会产生负效应。

（3）在一天中经常使大脑得到短暂的休息

会玩的孩子更会学。 研究表明，如果大脑在一天中持续运转，得不到休息，那么就会变得迟钝僵化。 短暂的休息可以缓解压力，提高工作效率。 聪明的人通过休息加快自己的工作进度并完善自己的工作。 当你大脑迟钝时，分散注意力就变成必需的了，它能让你的思想从一条死路上解放出来，换一个角度思考问题。

经常让你的大脑得到片刻的休息，使僵化的大脑重新运转起来。 一旦你感到思维不活跃、思考问题不通畅时，那么重新控制思维的最好方法就是停止手上的工作，让大脑得到休息。比如在电脑前坐久了，可以和别人聊一聊新鲜的话题；站起来走一走，喝杯水；远眺一会儿，呼吸点新鲜的气息；以自己最舒服的姿势看一些有趣的读物；小睡一会儿都可以。让你的大脑进入一种和你的工作完全不同的状态中，这么做可以打破工作中形成的思维定式，阻止精神压力的积聚，恢复大脑活力。

如果办公桌让你感到很疲倦，尝试着闭上双眼，全身放松，慢慢地做几下深呼吸。如果条件允许的话，你可以在空闲的时间或地点做一些简单的运动，在办公桌旁或者在走廊里都可以。这不仅能让你放松心情、缓解压力、恢复活力，还能让你头脑清醒、视野开阔，帮你为无法进行的工作找到转折点，也更能让你为做好下一项工作储备精力。

大脑只有经常休息才能不断地完成更高难度的工作，不要等到精神真的有压力的时候才采取措施，不要等到回家或者周末才放它的假。

（4）把你的注意力集中在某个具体的、令人愉快的、平静的事物上

当你工作累了的时候，花一分钟放松，然后花更长的时间把注意力从你的工作上转移到另一个事物上。但记住，这个事物必须是令人放松、令人愉快的。它可以是一幅你喜欢的田园风光的油画，可以是一支温馨的钢琴曲，可以是一件你钟爱的摆设，可以是一次愉快旅程的回忆。这些都足以给你慰藉，给你精神上的肯定，让你变得清醒，变得开朗起来，富有创造力，而且运转自如。如果再做上几个深呼吸，那就事半功倍了。

人的大脑的注意力有一个时间限制，它只能在一段时间内集中在某件事上。如果你工作久了，大脑就会疲倦，如果你不停下来，

那么注意力就会集中在消极、负压的情绪上，这样下去对你的身体健康都是有害的。如果你及时地把注意力转移到愉快的事物上，比如你的相册或杂志中的一幅能让你感到放松的画，一个你在脑海中寻找的冷静的人物脸庞，那么那些可能产生的消极影响都可以避免。

另一个选择就是集中注意力，清除杂念，彻底放松自己（前面已有详细介绍）来获得身心两方面的益处。

还有一个方法就是沉思，沉思能压制你浮躁的心情，让你头脑冷静、思维清晰。它是一个让你再次专注于目前工作的过程，是一个保证将你的注意力集中在手头工作上的技巧，你应该非常明确地意识到这一点。沉思以一种温和的方式控制你的思想和灵魂，用冷静、温和、快速的方式将那些消极想法处理掉。你应该通过沉思去更深入地发现什么对你来说是有用的，让它为你所用。

（5）安排时间进行安静的思考

常常听见有人说："我太忙了，没有时间去思考问题。"如果这影响到了你的工作和生活，那你需要安排一些时间进行安静的思考了。安静的思考如同沉思一样，能放松你的心情，控制你的情绪，解放你的创造力，让你的工作和生活每时每刻都充满新鲜空气。请记住：无论身处什么样的环境，都要让大脑安静地思考。

如果你有一间单独的办公室，这时你可以轻轻地把门关上，用最舒服的方式坐下，把双手交叉在脑后，做几个深呼吸，把全世界都关在门外，只让安静陪着你。在这样舒适的环境里，你的大脑就能慢慢地平静下来，像个安详的老人一样静静地思考了。你也可以站在窗前，眺望远处让你愉快的景象，看让你放松的绿色，想象令你高兴的人和物。

如果你没有那么好的条件，那你只需要找一个能使你平静下来的空间，一间空会议室或公司图书馆的阅览室都可以。 如果你连这样的条件都没有，没关系，自由自在地散散步同样可以让你安静思考。

（6）一次只做一件事

现实告诉我们，如果你总是想着把所有的事都做完，那么所有的事都做不完。 想成功，一次只做一件事，全身心地投入，并抱着一定能成功的积极态度，专注于你已经决定要做的那件事，不要把你的注意力分散到别的事情和想法上，放弃其他的事，这样你就整天活力无限而不会感到疲倦了。

在你做一件事之前，先对你自己有一个了解，弄清楚你在这件事中的责任和你的极限。 弄清事情的轻重缓急，先做最重要的事。每次做少一点、做好一点，不要浪费你的时间、精力、效率和快乐，这样你就会在工作中获得乐趣，也就不会因为注意力被分散而弄得疲倦不堪。 为了更好更快地完成工作，你必须学会拒绝大量消耗你精力的不必要的工作来保证你的效率。

潜能导师斯蒂芬·科维还在一所大学里任教时，他聘用了一位秘书，这位秘书非常聪明，非常有创造力而且做事积极主动。有一天，当这位秘书正在埋头于他的工作时，斯蒂芬急忙走进他的办公室要他完成几件非常紧急的事。他说："斯蒂芬，我愿意为你服务，只是你该瞧瞧我的情况。"他给斯蒂芬展示了他那写满他正在做的工作的墙板，每一件事后面还标记了范围和期限，这些都是他事先列好的。不可否认，这位秘书是一个训练有素的人。他接着说："我可以为你完成那几件紧急的事，但是，请问你准备将哪些原定的项目推迟或取消呢?"斯蒂芬当然不想这么做,他不能让他手下最好的人员去做紧急却不是最重要的事,况且这些事也不一定适合他。所以斯蒂芬把这件事交给了一个专门处理紧急事情的工作者,让他去完成。

(7)切勿分散力量

如果你想要尽快地成功,就不要随便分散你的力量。因为分配精力就像切蛋糕,分割的块数越多,蛋糕的平均分量就越小。

爱迪生曾经在接受采访时被问到什么是他成功的第一要素,他回答说:"那是一种能力,一种能够将你的思想和身体结合在同一个问题上并且不会感到厌倦的能力。我跟别人不一样的地方可能就是,别人花一个白天甚至24小时去干各种各样的事,而我只做一件。如果他们也一样把这些时间用在一个目标上,他们就会成功。"

(8)把握现在

我们都有过这样的体会:当和别人交谈时,我们可能一边想着刚才双方的对话,一边想接下来我们要说什么话,或者想一些和现在对话完全没有关系的事情。如果我们把所有的注意力都集中于现在,那么我们就会形成一个目标。这个目标会像发动机一样时刻催促着你不断前进,并开发出你体内尚未被发掘的潜力。这种潜力往往会以两种形态呈现。

①满溢状态的潜能。满溢状态是指当你集中你的注意力,你的内心非常专注而将一切无关的事情抛之脑后的状态。心理学家米哈利对满溢状态行为的研究有着很高的造诣。用竞技体育比赛的方式最能激发一个人的满溢状态行为,当运动员感觉他仍在赛场上超常发挥,每件事都很顺利的时候,他们多半正处于满溢状态。

米哈利研究表明，当一个人的工作难度和他的能力处在差不多同一个水平时，最能发生满溢状态的行为。工作太简单，人们会觉得乏味；工作太复杂，人们会筋疲力尽。

满溢状态在一定程度和沉思一样，都是精神的高度集中。著名的木匠师奥延格曾回忆：他曾经参加过一个木工比赛，在整个比赛过程中，他投入在自己的工作中好几个小时，在那几个小时里，他的世界只有他和他的工具。直到作为第一名领奖的时候，他才注意到好多人都在围着他。而在比赛过程中他完全没有感觉到他们的存在。

处在这种状态下的人对时间和知觉完全没有概念，他们可以完成平常难以完成的高难度工作，因此，研究好满溢状态行为对时间管理很有帮助。

贝蒂·爱德华创造出了另一种方法，可以产生与满溢状态行为效果类似的结果，那就是利用左右脑的旋转。她的方法是根据左右脑机制的不同：左脑分管符号、理智、逻辑、语言等，而右脑分管非语言、非逻辑、道德。她用这种方法帮助许多人集中了注意力，获得了成功。用她自己的话说就是："那是一种从来没有过的体验，当我运用这种方法时，我就感觉我和工作已经合二为一了，什么也不能将我们分离，我很快乐而且兴奋，但是我又很镇定，有时候我甚至觉得是幸福的。"

②狂热与沉迷。可能有的人并不沉迷于工作却一样很有成就，但不一定每个人都适合这种技巧。成功人士在成功的道路上付出的努力是一般人不敢尝试的，但是那些沉迷在自己的目标和工作中的人大都是成功的，而且是高效的。

企业家亨利·福特总结自己的一生："因为我从来不曾离开过工作，所以我的时间很富裕。人应该沉迷于他的工作，就连做梦也应该是在工作中。"最著名的科幻小说家阿西莫夫感到最苦恼的事，就是有人打断他的写作，他还得好像没事似的跟那个人说没关系。他每天都在打字，在那几年的时间里，他每个月都写出一本书。他放弃原本应该度假的时间依然坐在打字机旁，因为他不想打断他的创作。就这样，一本一本的作品诞生了。富卡也有同样的人生经历，他说，抛开那些辉煌的财富成就，他最大的遗憾就是：除了写作他对任何事物都没兴趣。

或许有些人会感到很不解，认为这些人将所有的精力和时间花费在他们沉迷的事情上简直是浪费生命，但是他们忽略了一个事实：沉迷于他们自己喜欢的事，对他们来说是一种享受而不是牺牲。

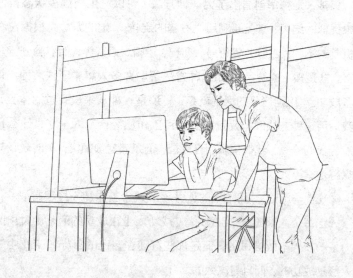

第九章

哈佛大学送给青少年的第九份礼物：充满自信

深呼吸，打破自我设限

生活中，你是否经常会有"这个事情我可以做吗?""我能成功吗?""我失败了怎么办呢?"等诸如此类的疑问，而且每次在产生怀疑的时候，接下来的行动大多都会失败。 为什么呢? 因为在产生这些感觉的时候，我们已经为自己设定了上限，或者说先入为主地自我认定了不行。

有一个与沙漠相关的故事，为我们阐明了这样的道理。

有两个朋友结伴穿越沙漠，走到中途，水喝完了，糟糕的是其中有一个人中暑了。为了生存，另一个人把枪留给中暑者，然后独自外出找水，并且告诉中暑者，为了避免他迷路，每隔两个小时，就鸣放一枪。

躺在沙漠中的中暑者满腹狐疑，同伴能找到水吗? 能听到枪声吗? 暮色降临的时候，只剩下一颗子弹了，同伴还未回来。中暑者最终确信同伴离他而去了，他充满了对死亡的恐惧，想到自己的身体将被秃鹫啄食……他崩溃了，心灰意冷的他将最后一颗子弹射进了太阳穴。枪响后不久，同伴提着满壶的水赶了回来，同时还找来了骆驼队。

其实，中暑者的身体完全可以撑到同伴回来，但是，他却因为自己恶劣的心情而选择了不理智的处理方式。悲观的态度和自我设限最终毁掉了他。

不同的人有不同的人生观和世界观，面对同样的生活环境，他们的心情各不相同，也会有迥异的人生态度，这就直接导致了各人不同的人生过程和结局。

人类历史中，不乏因为规则、技术、社会环境等造成的限制，扼杀了创新的思维，但也有经过抗争，冲破限制的佳事。

英国温泽市政府大厅的建筑堪称奇迹，它是一位非常年轻的设计师打破常规、勇于坚持真理的设计。

他运用了力学原理，充分验证并大胆尝试，积极汲取了前人的经验，非常巧妙地设计了这个大厅建筑。整个建筑的天顶仅采用了一根支柱支撑。在设计完成一年后，市政府邀请了国内权威建筑专家对他的设计方案进行审核，权威专家们在审核后提出了质疑，他们认为这个大厅只用一根支柱太危险了，要求设计图纸必须进行更改，增加几根支柱。

年轻的设计师非常自信，列举了许多例证，试图说服这些权威。他说："这个工程建筑采用一根支柱足以保证大厅的安全。"他自信而且略带固执地为自己辩护着，这让那些专家感到无比难堪，最后，他们以私废公，利用自己的地位胁迫这位年轻的设计师认错并且恐吓要将他送上法庭定罪。

万般无奈，年轻的设计师最终"屈服"了，在他的设计方案中增加了四根支柱。

时光流逝，日月如梭，转眼间这件事情过去了三百年。

三百年的岁月里，市政府的主人如白驹过隙般更迭着，市政大厅依然坚如磐石。20世纪后期，市政大厅进行了一次大的修缮，竟然发现了一个震惊世界的秘密：后增加的四根辅助支柱并没有支撑天花板，而是与天花板有着两毫米的距离。市政大厅中唯一的支柱——中央支柱上镌刻着一行字"自信和真理只需要一根支柱"。消息传出，世界各地慕名而来的专家和权威们络绎不绝，他们满怀崇敬地欣赏着、议论着，并戏称这个市政大厅为"嘲笑无知的建筑"。

这个年轻的设计师就是克里斯托·莱伊恩。今天，有关他的资料实在微乎其微，因为当时的他只不过是一个不被人熟知和认同的"建筑设计大师"，他的名字对于世人来说非常陌生。在仅存的资料中，记录着他当时说过的话："我坚信至少一百年后，当后人面对这根中央支柱的时候，肯定会哑口无言，甚至会目瞪口呆的。其实，你们所看到的不是奇迹，只不过是我对真理的坚持。"

三百年前的年轻设计师用实际行动为我们展示了一个和自信有关的案例，他那种敢于打破陈规、突破限制的精神值得我们学习和效仿。我们在生活中也常常会自我限定或者被限定，正如一个寓言故事中提到的：上帝给予悲观者失败，给予乐观者成功。只要我们勇于利用智慧和能力敢于突破自我或外界环境的约束，就一定能实现自己的理想。

人生没有绝对的平等，对于一个生理正常的人来说，只要打破心理的枷锁，无论面对怎样的逆境和困难，无论自己追求的理想多么高远，只要坚信自己可以成功，不局限自己的思想，自信而且睿智地迎接生活的挑战，就一定会活出属于自己的精彩。

自信与能力是齐头并进的

自信是成功的推动器，更是一种心境，有自信的人不会因为一时的失败而消沉沮丧，他会继续挑起生活的重担向前努力着。因为自信也是一个人内在的一种能力，它激发着人们不断向命运挑战。自信是与能力齐头并进的，有能力的人更要有自信，这无疑是为你的成功又添加了一定的筹码。如果你的能力有限，那此时就更应该具备自信，做任何事情都要对自己充满信心，不怕失败，不怕挫折。

世界酒店大王希尔顿仅用 200 美元创业起家，在有人问他成功的秘诀是什么的时候，他只说了两个字："信心。"我们多一分信心，成功就离我们更近一步，甚至十步。在遇到挫折与困难的时候，首先要想的是不要恐慌，相信自己有解决这个难题的能力，一点一点、循序渐进地处理它。约翰逊说过："信心与能力是齐头并进的。"一个人有自信是好的，但也要有相应的能力才能把身上的潜力发掘出来，更好地利用起来。你无论是在工作中还是在生活中，处处体现出了你的领导才能，但就是缺乏一定的自信心，做事很没有底气，那么成功也会离你很遥远。所以说，自信与能力是齐头并进的，要想成功，二者缺一不可。

亨利·艾尔雷德·基辛格是 1973 年诺贝尔和平奖的获得者。他曾任美国尼克松政府国家安全事务助理、国务卿、福特政府国务卿。

　　基辛格在哈佛留下了这样一段故事。

　　由于本科学习成绩优异，基辛格被免试推荐进入研究生阶段的学习。1952 年，他获得硕士学位，1954 年获得哲学博士学位。虽然学习成绩如此优异，但是基辛格留校任教的愿望却被哈佛大学粗暴地拒绝了。

　　但是，基辛格并没有因为哈佛的拒绝而失去信心，而是更加坚定了自己的信心。凭借自己的能力，1955 年，基辛格开始回到故乡纽约，担任美国对外关系协会研究小组的研究主任，负责起草带有结论性的研究报告，并准备出版专著。

　　基辛格的努力终于得到回报。1957 年，基辛格出版了《核武器与对外政策》一书，该书首次提出了有限战争的理论，从而使基辛格在学术界和对外政策研究领域一炮而红。同年，哈佛大学终于聘用了基辛格，授予他讲师职位，基辛格实现了在哈佛任教的愿望。但是，信心十足的基辛格并没有就此止步，而是更加积极地，用自己的能力证明，他不仅仅只能担任哈佛讲师。与此同时，他还在校外担任洛克菲勒兄弟基金会特别研究计划主任、国际问题中心成员，又在国家委员会和兰德公司兼职。

　　最后他还成了国际上鼎鼎有名的外交家。

　　基辛格的论文在哈佛至今仍被人提起，因为他的论文篇幅过长，学校被迫制定了"基辛格规则"，这条规则限定未来的大学生在撰写本科毕业论文时，长度不得超过基辛格论文长度的 1 / 3。

从基辛格的成功经历上，我们可以看出，自信心对于一个人的成功起着至关重要的作用，而且过人的胆识与能力也与成败息息相关。有方向感和自信心，能为你建立一个正确的目标，而能力则是实现目标的助燃剂。

有人说，人就像一棵树，而自信就是这棵大树的根，树无根就会倒，而人无自信也一样会垮掉。所以说，多给自己一分信心，才能更好地发挥出你的潜力，让你离成功越来越近。

没有做不到，只有想不到

人生的蓝图并不是与生俱来的，而是可以规划出来的，只要你对自己充满自信，敢想敢做，你就一定能行。如果过早地就给自己下了"我一定不行"的结论，连想都不敢去想一下的话，那么你将会永远处于失败的行列之中。无论怎样，我们都应该给自己先设定一个目标，你的想法将会决定你的做法，你只有想到了，才会朝着那个目标前行。也许你的一个想法就会改变你的命运。

成功者之所以会取得成功，那是因为他们首先为自己确定了方向，然后凭借着自己的信心和勇气去实现它。如果你想了并且付出了行动，那么你就有 50％ 的成功机会，如果你连想都没有想过的话，那么你连1%的成功机会都不会有。不怕做不到，就怕想不到。有些事人们之所以不去做，只是他们认为不可能，而许多不可能，只是人们觉得不可能而已。

理查慈是美国著名化学家，也是美国第一个获得诺贝尔化学奖的人，他被誉为"测定原子量专家"。

他的一生充满传奇色彩。他从小爱画画，但更迷恋天文和化学。1885 年他去哈佛大学深造，在库克的指导下学习、工作。在德国进修期间，受迈耶测有机物分子量的启发，他回哈佛后继续进行原子量测定工作。20 岁时，他获得博士学位，是哈佛创立以来最年轻的博士。

理查慈不迷信权威，对以前的原子量提出质疑。在他眼里，没有做不到的，只有想不到的。凭借着这样的精神，理查慈刻苦钻研，他精确核定了 60 多种元素的原子量，打破了当时对于原子量的权威观点，最后获得了诺贝尔化学奖，并被誉为"测定原子量专家"。他的研究影响了人类关于原子量的看法。

如果理查慈是一个缺少自信的人，他能坚信自己的观点，继续研究原子量问题吗？很显然，不能。理查慈的成功也给我们这样的启示：只要你敢想，并付出相应的努力，找准自己的特长，充分发挥自己的能力，那么你就会成功。

人生就是如此，只有自信的人才会有最精彩的人生。只要你敢想，为自己确立既定目标，哪怕现在没有能力去实现它，但你可以为了这个梦想不断努力、不断追求，总有一天会实现的。

决心是力量，信心是成功

在任何时代，坚定的意志都是强者的重要品质，强者与普通人不同的地方就在于他们拥有常人所没有的顽强毅力和不轻言放弃的自信心。他们不会轻言放弃自己的目标，而是对自己充满了自信。

坚定的自信心可以使平凡人做出惊天动地的事情来。假如在还没有做一件事情之前，就在心里暗暗对自己说"我不行"，那么面对不太理想的客观环境可能很容易就会败下阵来。假如你是一个对自己充满自信的人，并把这种信心作为自己的一种精神支柱，那么在这种决心和信心的支撑下，你会更加坚定自己的目标并为之付出努力，最后取得胜利。当然，并不是说只要拥有自信的人就都会获得成功，但这是一个前提，是走向成功的动力，它会使许多不可能的事情变成真实存在的事情。要想获得成功，能够担当大任，就要有足够的决心和强大的信心，首先相信自己是可以的。有了把握，就会有一种魄力，这种魄力也能够使周围的人相信你是可以成功的。

珀西·威廉姆斯·布里奇曼是美国著名实验物理学家。1900 年他进入哈佛大学，在物理和数学方面得到了较好的训练，4 年后以优异的成绩毕业，并继续留在母校攻读硕士、博士学位。在他 25 岁那年（1908 年）获得了博士学位，成为 20 世纪以来获得自然科学博士学位最年轻的学者。同年，他被母校聘任，担任研究助理，两年后升任讲师。1946 年获得诺贝尔物理学奖。

珀西·威廉姆斯·布里奇曼从小就受到良好的家庭教育，他的父亲经常告诫他说："为了增进智慧，一定要经常地把'为什么'挂在嘴边，直到没有'为什么'的追问时，那你对那个问题才算有比较全面的了解。"因此，他逐渐养成了追根问底的习惯。

正是因为有了打破砂锅问到底的习惯，布里奇曼往往在做什么事情的时候，总能建立起坚定的决心。在他眼里，信心几乎就是成功的一半，没有信心，就没有成功可言。于是，在许多别人认为不可能的问题上，布里奇曼总能下定决心研究到底。

1946 年，他由于发明了超高压装置和在物理学领域的突出贡献获得了诺贝尔物理学奖。许多天然矿物的人造产品，如人造金刚石、翡翠等都是根据他的实验数据制成的。布里奇曼为人类留下了宝贵的研究成果。

布里奇曼之所以会取得成功，就是因为他坚定了自己的信心，对自己的未来充满了希望，并为之不断努力。他的思维方式、气质等，在不知不觉中发生着变化，信心与决心一直激励着他不断向问题发出质疑，朝着目标一步步前进。如果一个人的内心一直在打退堂鼓，那么结果就会是没有任何进步，并一直沉溺在自己的失败和不幸之中。

有了决心与信心，你就有了成功的机会。勇敢地走出去，去努力，去奋斗，一步步实现自己的人生目标。

播撒自信之种，盛开完美之花

只要你足够相信自己，现实的恐怖就远远比不上想象中的恐怖那么可怕。

生活中，大多数人表现的自信都要大过自己所意识到的。回想一下，其实我们很早就知道要相信自己了。在你呱呱坠地后，尝试迈出人生第一步时，你就相信你会走；在你几次三番咿咿呀呀地说出第一句话之前，你就相信你能说。正因为相信，所以你会去完成它。成长过程中，当我们遇到棘手的事物，不要只考虑事物本身的难度，要试着去接触，一接触就会发现，事情其实比想象中容易许多。古今中外的名人，皆是自信心十分之强的人。诗仙李白说"天生我材必有用"；前苏联著名作家索洛维契克说"一个人只要有自信，那他就能成为他希望成为的那样的人"。可见，当一个人实力已经具备的时候，只要足够自信，就很可能获得成功。

玛丽·玫琳凯是一位成功的女性，她是著名的"玫琳凯化妆品公司"的缔造者和荣誉董事长，我们来听听她是怎么说的。

"我明白，真正成功的人都是因为他们的自信、目标和能力而显得与众不同。我是从磨炼中学到这个道理的。我7岁那年，爸爸从疗养院回来，虽然经过两年的治疗，他的肺结核已经得到了控制，却并未完全治愈。在我的童年时代，他一直就是个身体虚弱、需要照料与爱护的病人。每当我放学回家，就得先清扫屋子，再做自己的功课。但是我接受了这一切，并且感到乐在其中。尽管我的某些任务对于一个孩子来说是勉为其难的，但并没有人来告诉我这一点。所以，我还是照干不误。我相信，我的母亲知道，有时候我干的活似乎太具有挑战性了。因为，每当她指导我干这干那时，总要加上一句：'亲爱的，你做得到。'"

"你做得到！"也是玫琳凯化妆品公司的座右铭。经常会有一个十分需要听这句话的人来加入他们公司。不幸的是，大多数人活了一辈子都没有展示出自己的风采。他们从来不敢试一试。为什么？因为他们缺乏自信。

"你做得到！"这么简单的一句话，完全说出了自信的真谛。正是坚信自己"能做得到"，我们才能在没做到之前仍有足够的动力和动机去继续努力。坚强的自信是成功的源泉，不论才干大小，不论天资高低，成功都取决于坚定的自信力。相信自己能够做成的事情，一定能够成功。反之，不相信能做成的事情，一般不会成功。

成功是上天专门给有实力、有自信的人的赏赐。国际著名音乐指挥家小泽征尔在一次赴欧洲参加指挥大赛中，演奏时发现乐曲有一些不和谐的地方，在场的所有作曲家和评委都声明乐谱是经千挑万选出来的，不可能会出现问题。但小泽征尔考虑再三，依然自信地坚持自己的观点而最终获得大赛的冠军。小泽征尔的成功证明了这一点——自信源于实力。

自信是对自己能力的肯定，并不同于自傲、自夸、自大或自命不凡。对自己能力的肯定，即是知道和清楚自己的实力和分量。一个人处于自信时，思维能力非常活跃，精神也一直保持乐观、积极向上的状态；而处于自卑时，就显得反应迟钝，看上去也精神萎靡，像冬天里霜打过的茄子一样，整天都是蔫的。只有自信，人才能志气昂扬、精神抖擞地去学习、去工作、去奋斗、去拼搏！

也许，现实生活中，有很多人更注重财富、地位、背景等一切很物质的东西，但实际上，已经获得成功的人都知道：与金钱、势力、地位、出身、背景和亲友相比，自信是更有力量的东西，是人们从事任何事业最可靠的资本。 只有具备了坚定的自信心，才能排除各种障碍，克服各种困难，使自己的事业获得完美的成功。对于刚刚踏入社会的年轻人来说，自信更是站稳脚跟的必备条件。

有自信，不一定能成功；但没有自信，就一定不能成功。 你想成功吗？如果想的话，赶紧让自己充满自信吧。

学会适时地肯定自己

生活中，人们总是会或多或少地拿自己和别人比较。 通过比较，人们会发现自己和他人的差距，了解自己的缺点和优势，并激发自己的上进心，向好的榜样努力学习，不断地提升自己，这是比较的积极作用。 但是如果在比较过程中，人们找错了对象，选错了方法，就会产生不良的影响。 比如，用自己的优点与别人的缺点进行比较和用自己的缺点与别人的优点进行比较，产生的结果是截然不同的。

因此在现实生活和工作中，人们应该进行合适地、理智地比较，而不是胡乱对比，给自己带来挫伤和打击。 正确地认识和评估自己才能确定自己的位置，做好自己应该做的工作，不因贪羡别人而妄自菲薄。

小李是一个大专毕业生，毕业以后进入一家公司当业务员。初出茅庐的他想要好好地表现自己，于是干劲十足地投身到工作当中去，并且也取得了一定的成绩。在与同事的接触过程中，他渐渐地发现公司里面的业务员大多是名牌大学的博士生和硕士生，最次的也都是重点大学的本科生，这让小李觉得压力很大。他觉得自己一个专科生跻身在一大群比自己学历高的人中间，显得有些格格不入，自己就像是羊群里的骆驼，大家都在注视着他。

公司每个月都有业绩评比，如果小李做得稍微好一点，他就对自己说，这是瞎猫碰上死耗子，侥幸而已；当自己落后，同事都排在自己前面时，他又会对自己说，应该的，人家都比自己学历高，业绩比自己好也是理所当然的。而且每次约见大客户时，小李也总会把机会让给同事，他觉得自己不配去和那些大老板谈判，即使去了人家也会瞧不起自己的，所以就不自讨没趣了。小李的这种心理使他越来越不自信，他只是天天在公司打电话，而不敢出去约见客户，一直业绩平平，没有进步，最终失业。

妄自菲薄既是对自己心灵的严重打击，也是对自己的不尊重和不负责任。试想，如果一个人连自己都看不起自己，还有什么资格去要求别人看得起你？人活着应该有自己的尊严，不管自己身处什么环境之中，不管自己身份多么卑微，都要看得起自己，努力争取自己应当拥有的权利，并不断地提高自己，以此赢得别人的尊重和敬佩。自暴自弃是最愚蠢的做法，渴望用自己的可怜来换取别人的同情是行不通的。

要想让别人看得起，首先就要自己看得起自己。工作之中存在差距是很正常的事情，造成自己落后的原因有很多方面——可能是自己的方法不对，可能是自己的努力不够，而不能简单地把原因归结为别人聪明而自己愚笨，这是极不负责任的说法。人与人之间在智商方面没有太大的差别，最大的差别是在主观能动性方面：因为你不够积极、不够努力，所以你才落后。文化水平不高可以弥补，能力不足可以提高，只要你认真地去做，是没有什么不可以的。只要你愿意付出比别人多的努力，得到的回报也会比别人多得多，这是一个不争的事实。

威玛·鲁道夫4岁时得了小儿麻痹症和肺炎，到6岁时左腿已完全无法行走。经过艰辛的努力，她终于能开始走路，中学时成为篮球选手，之后又转为田径选手。

她说："妈妈很早就教育我：只要你真的想要，不管什么目标都能达成。我第一件成功的事，就是不用拐杖走路。"

威玛反复不停地念着："我可以走，我一定可以走。"结果她在16岁时成为美国奥运代表队的选手。1960年第17届罗马奥运会上，她在100米、200米、400米接力赛中打破世界纪录，赢得金牌。

从威玛·鲁道夫身上，我们可以看到肯定自己的巨大功效。

小婷在念师范大学时是一个很优秀的学生，有很多人都崇拜她，因为她经常在比赛和课堂中演讲，表现得勇敢而有激情。

大学毕业了，大家都去当老师，小婷却去了一个陌生的大城市，她要从事其他的行业，实现她的梦想。然而，现实是残酷的，一个没有工作经验的、非名牌院校的大学生，在一些大的招聘单位面前似乎一文不值。

小婷也在面试的时候发现自己能力的单薄和欠缺。这时她的自信心跌到十几年来的最低点，她觉得自己非常失败。后来，她没有别的选择，只好去了一家小公司当文员。

从此以后，她觉得自己是个没有什么能力的人，所以总是在别人面前抬不起头来，而且总是觉得别人比自己优秀。

她的工作简单而琐碎，根本没有一点挑战性，她也很想像其他同事那样担任更有挑战性的职位，但是她一直没有勇气去跟老板说，因为在大家眼里，她只是一个小文员，她不可能胜任其他工作，就连她自己也差点这样认为。

这样的日子居然过了一年，以往的同学见到她都暗自惊讶，以前那么意气风发的一个人，现在却全无自信和冲劲，对生活也失去了希望。后来，她意识到自己的生活再不能这样下去了，一定要有所改变！她认为自己还年轻，还有活力、创造力，还有的是机会。

于是，她终于鼓起勇气向老板交了一封自荐信，请老板给她机会，在完成本职工作的同时也兼任一些其他工作。老板同意了！而在小婷完成第一件很有挑战性的工作时，她还是很不安地等待着上司的批评，觉得自己做得可能没有别人好。但是，上司给予了很高的评价！

小婷重新获得了信心和勇气，她变得更加勤奋，在行内取得了很好的成绩，而且她发现：当初她很敬畏的一些人，他们的能力并不比她高。

一年之后，她甚至发现，自己在行内是比较优秀的，有很多人都不如自己，她完全有能力在这个城市生存下去，并且生活得很好。

小婷遇到挫折时，把失败想象得过于严重，她认为自己被彻底击败了，因此她再没有足够的自信继续向前或是寻求改变。 她变得压抑而自卑，不仅不快乐，而且几乎就这样一直沉沦下去，差点毁掉了自己的前程，直到她重拾信心，才让自己的人生得到了改变。 因此，适时地肯定自己是走向成功的第一步。

第十章

哈佛大学送给青少年的第十份礼物：勤奋敬业

成功源自勤奋

杰克·伦敦在 19 岁以前，还从来没有进过中学。虽然他在 40 岁时就死了，可是他却给世人留下了 51 部巨著。

杰克·伦敦的童年生活充满了贫困与艰难，整天像发了疯一样跟着一群恶棍在圣佛朗西斯科海湾附近游荡。说起学校，他不屑一顾，并把大部分的时间都花在偷盗等勾当上。不过有一天，当他漫不经心地走进一家公共图书馆内开始读起名著《鲁滨孙漂流记》时，他看得如痴如醉了，并受到了深深的感动。在看这本书时，饥肠辘辘的他，竟然舍不得中途停下来回家吃饭。第二天，他又跑到图书馆去看别的书。一个新的世界展现在他的面前——一个如同《天方夜谭》中巴格达一样奇异美妙的世界。从这以后，一种酷爱读书的情绪便不可抑制地左右了他。他一天中读书的时间往往达到了 10～15 小时，从荷马到莎士比亚，从赫伯特·斯宾塞到马克思等人的所有著作，他都如饥似渴地读着。当他 19 岁时，他决定停止以前靠体力劳动吃饭的生涯，改成用脑力谋生。

他厌倦了流浪的生活，不愿再挨警察无情的拳头，也不甘心让铁路的工头用灯揍自己的脑袋。

于是，就在他19岁时，他进入加州的奥克兰德中学。他不分昼夜地用功，从来就没有好好地睡过一觉。天道酬勤，他也因此有了显著的进步，他只用了三个月的时间就把四年的课程念完了，通过考试后，他进入了加州大学。

他渴望成为一名伟大的作家，在这一雄心的驱使下，他一遍又一遍地读《金银岛》《基督山恩仇记》《双城记》等书，随后就拼命地写作。他每天写五千字，这也就是说，他可以用二十天的时间完成一部长篇小说。他有时会一口气给编辑们寄出三十篇小说，但它们统统被退了回来。

后来，他写了一篇名为《海岸外的飓风》的小说，这篇小说获得了《旧金山呼声》杂志所举办的征文比赛的头奖。但是他只得到了20美元的稿费。他贫困至极，甚至连房租都付不起了。

他曾跟随淘金人流到柯劳代克淘金，忍受着一切难以想象的痛苦，而最后回到美国时，囊中却仍然空空如也。最后，只要能糊口，任何工作他都肯干。他曾在饭店中刷洗过盘子；他擦洗过地板；他在码头、工厂里卖过苦力。

尽管每天都过着饥肠辘辘的生活，但是他还是决定放弃出卖苦力的劳苦工作，毅然献身于文学事业。1903年，他有6部长篇以及125篇短篇小说问世。他成了美国文艺界最为知名的人物之一。

做个勤奋的人

爱迪生说："天才是百分之九十九的汗水和百分之一的灵感化合而成的。"鲁迅先生也曾这样说道："哪里有天才，我只是把别人喝咖啡的时间都用在工作上了。"

一个人的才能不是天生就有的，它是靠坚持不懈的努力和勤奋换来的。无论多么远大的志向，如果不能以勤奋的态度去努力落实，就永远也无法变成现实，最终也只是海市蜃楼而已。无论在优越的环境中，还是在贫困的环境中，只要肯勤奋做事，就有可能实现你的梦想，因为你付出了就一定会有收获。

钢铁大王安德鲁·卡内基刚 10 岁时，为了给家里分担一些负担，选择了进入工厂做童工。当时他进入了一家纺织厂，每月只有 7 美元的薪水。为了挣到更多的钱，安德鲁·卡内基又找了一份烧锅炉和在油池里浸纱管的工作，这份工作每个月只比纺织厂多挣 3 美元。油池里的气味令人发呕，加煤时，锅炉边的热气使安德鲁·卡内基光着身子仍不停流汗，可是他一点都不在乎，仍然努力地工作着。当然，他内心很不愿意就这样度过一生。

为了能找到挣更多钱的工作，安德鲁·卡内基在劳累一天后，晚上仍然坚持去夜校参加学习，每周有 3 次课。正是这每周 3 次的复式会计知识课给安德鲁·卡内基建立他巨大的钢铁王国打下了坚实的基础。

1849 年安德鲁·卡内基迎来了他的第一次机会。那年冬天，他刚从夜校回家，姨夫给他带来了一个好消息，说匹兹堡市的大卫电报公司需要一个送电报的信差。安德鲁听到这个消息，非常高兴，因为他知道机会来了。

　　一天后，安德鲁穿上了他很长时间都不舍得穿的皮鞋和衣服，在父亲的带领下来到了大卫电报公司。安德鲁为了给面试者一个良好的印象，他让父亲在大门口停了下来，他对父亲说："我想一个人进去面试，父亲你就在外面等我吧！我对自己有信心。"其实，安德鲁这样做不只是给面试者一个好的印象，更加重要的是，他害怕自己的父亲说些不得体的话冲撞了主管，使他失去这次机会。

　　安德鲁一个人到了二楼面试，面试的人正好是大卫电报公司的拥有者大卫先生，大卫对这个面试者先是打量了一番，然后问安德鲁："匹兹堡市区的街道，你都熟悉吗？"

　　安德鲁对于匹兹堡市的街道一点都不熟悉，但他语气坚定地对大卫说："不熟悉，但我保证在一个星期内熟悉匹兹堡的全部街道。"然后又对他自己的形象补充道，"我个子虽然很小，但比别人跑得快，您不用担心我的身体，我对自己很有信心。"

　　大卫对于安德鲁的回答非常满意，然后笑着说："好吧，我给你每月 12 美元的薪水，从现在起就开始上班吧！"

　　大卫的认可，让安德鲁迈出了人生的第一步，而这时的安德鲁才 14 岁，对于现在的人来说，14 岁刚好从小学毕业进入初中的学堂。一个星期很快过去了，安德鲁也实现了对大卫先生的承诺，他完全熟悉了匹兹堡的大街小巷。安德鲁在熟悉了市内街道一星期后，又完全熟悉了郊区的大小路径。就这样，安德鲁在一年后升职为信差的管理者。

安德鲁在工作中的勤奋很快得到了大卫的赏识。一天，大卫先生单独把安德鲁叫到办公室，对他说："小伙子，你比其他人工作更加努力、勤奋，我打算给你单独算薪水，从这个月开始你将会得到比别人更多的薪水。"当时安德鲁很高兴，那个月他得到了 20 美元的薪水，对于 15 岁的他来说，这 20 美元可是一笔巨款。在工作期间，安德鲁每天都提前一至两个小时到公司，他会把每一间房屋都打扫一遍，然后悄悄地跑到电报房去学习打电报。对于这段时间安德鲁非常珍惜，正是这样日复一日地学习，他很快就掌握了收发电报的技术，以后的日子，他的技术越来越好。后来，安德鲁成了公司里首屈一指的优秀电报员，而且职位再一次得到了提升。

在电报公司工作的这段时间，对于安德鲁来说，是他"爬上人生阶梯的第一步"。在当时，匹兹堡不仅是美国的交通枢纽，更是物资集散中心和工业中心。电报作为先进的通信工具，在这座实业家云集的城市里有着极其重要的作用。安德鲁每天行走在这样的环境里，使他对各种公司间的经济关系和业务往来都非常熟悉，也使得他在无形中学到了更多的经验，使他在日后的事业中得到更多的益处。

是啊！安德鲁的成功完全源于他的勤奋。每一个人只要在工作中比他人更努力、更勤奋，就能够获取更多、更大的成就。

哈默曾经说过："幸运看来只会降临到每天工作 14 小时、每周工作 7 天的那个人头上。"他是如此说的，也是如此做的，他 90 多岁时仍坚持每天工作十多个小时，他说："这就是成功的秘诀。"巴菲特也认为，培养良好的习惯是获得成功很关键的一环。 一旦养成了这种不畏劳苦、敢于拼搏、锲而不舍、坚持到底的劳动品性，无论我们干什么事，都能在竞争中立于不败之地。 古人云，"勤能补拙是良训"，讲的也是这个道理。

俗话说，"勤奋是金"。 我们只有通过不断努力，才能使自己变成一块金子。 一个芭蕾舞演员要练就一身绝技，不知道要流下多少汗水、饱尝多少苦头，一招一式都要经过难以想象的反复练习。著名芭蕾舞演员泰祺妮在准备她的夜晚演出之前，往往要接受父亲两个小时的严格训练。 歇下来时，精疲力竭的她想躺下，但又不能脱下衣服，只能用海绵擦洗一下，借以恢复精力。 当她在舞台上时，那灵巧如燕的舞步，往往令人心旷神怡，但这又来得何其艰难！台上一分钟，台下十年功！

我们要看到，任何成功都不是轻易获得的，任何巨大的财富都不可能唾手而得，都是要经过勤奋才会有所收获。 千里之行，始于足下；不积跬步，无以至千里；不积小流，无以成江海。

李嘉诚说："耐心和毅力就是成功的秘密。"是啊！没有播种就没有收获，光播种，而不善于耐心地、满怀希望地耕耘，也不会有好的收获。 最甜的果子往往是在成熟时！

我们都会有"勤能补拙""勤奋可以创造一切"这样的感悟。但是，我们会从中受到多少启发呢？我们依旧在工作中偷懒，依旧好逸恶劳。 甚至有人把工作当成是一种惩罚，这样的工作态度，可能获取成就吗？在这个人才竞争日趋激烈的职场中，要想立于不败之地，唯有依靠勤奋的美德——认真地完成自己的工作，并在工作中不断地进取。

坚守勤奋的原则

通常来说，成功永远属于那些富有奋斗精神的人，而不是那些一味等待机会的人。应该牢记，良好的机会完全在于自己的创造。如果认为个人发展机会掌握在他人手中，那么是不可能会取得成功的。机会包含于每个人的人格之中，正如未来的橡树包含在橡树的果实里一样。

勤奋有助于成功，但勤奋并不意味着就能使我们的事业成功。尤其是在科学发达的现代社会里，如果我们不努力通过学习来摆脱盲目性，增加科学性，从而使自己的知识成果与时代同步，那么即使我们勤奋，但要打开成功的大门，走上事业的巅峰，也是非常困难的。

有一个经常失业的人，他为人忠厚老实，从不逃避工作。他渴望成功，却总是失业。尽管他努力求职，但总是失败，这是什么原因造成的呢？回顾以前的工作经历，哪怕他在此之前做过许多的工作，但总是觉得负担太重而逃避，而造成这负担过重的原因，就是他的能力不能与他所从事的工作相匹配。所以说，为了我们能工作得快乐，我们既要保持自己勤奋不懈的好作风，又要研究生活中的新事物，勤于寻找巧干的门路，勤于选择一个最佳的突破口，使成功早日来临。

　　两只青蛙在觅食中，不小心掉进了路边一只牛奶罐里，牛奶罐里还有为数不多的牛奶，但是足以让青蛙们体验到什么叫灭顶之灾。

一只青蛙想：完了，全完了，这么高的一只牛奶罐啊，我永远也出不去了，于是，它很快就沉了下去。

另一只青蛙见同伴沉没于牛奶中后，并没有沮丧、放弃，而是不断告诫自己："上帝给了我坚强的意志和发达的肌肉，我一定能够跳出去。"它鼓起勇气，鼓足力量，一次又一次奋起、跳跃——生命的力与美展现在它每一次搏击与奋斗里。

不知过了多久，它突然发现脚下黏稠的牛奶变得坚实起来。原来，它的反复践踏和跳动，已经把液状的牛奶变成了一块奶酪！不懈的奋斗和挣扎终于换来了自由的那一刻。它从牛奶罐里跳了出来，重新回到绿色的池塘里，而那一只沉没的青蛙就留在了那块奶酪里，它做梦都没有想到会有机会逃出险境。

把这个故事引用到工作上，我们也可以看到，如果一个员工对工作持厌弃、冷淡的态度，那他必定失败。成功者的秘诀在于真诚、乐观和执着，而不是对工作厌弃与冷淡。

不管我们做什么工作，我们都应该对我们的工作负责，都应该拥有激情。只有以这样的心态来对待工作，我们才能摆脱卑俗的境地，使厌恶感烟消云散。

至于工作，那些富有经验的职业人士对工作是非常有心得的，最难为的是那些刚入职场的人，他们经常抱怨他们所学的专业，他们通常认为自己的专业与自己的工作无关，当你试着问他们："既然你的兴趣与专业不合，那你为什么要选择它？难道你的生命的价值就在此吗？你付出多年的学习时间换来的就是抱怨吗？"事实上，他们不喜欢自己的专业，但至少还是可以忍耐。 毕竟任何抱怨都是借口，都是不负责的表现。 只有通过不断地提升自己，才能拥有愉快的工作状态。

　　亨利·凯撒是一个真正成功的人，以其名字冠名的公司拥有 10 亿以上的资产。他慷慨仁慈，使许多语言障碍者得到有效治疗，使很多腿部有残疾者正常走路，让穷人得到了医疗保障……而这些都源于他的母亲玛丽在他的心灵播撒下的种子。

　　玛丽在工作之余，常常去帮助那些不幸的人。她对儿子说："我没有什么东西给你，只有一件礼物：愉快地工作。"她教会了凯撒如何应用自身的价值，如何爱人和为他人服务。

　　如果你能有效地处理好这些理念，那么，这对你的工作是非常有帮助的，你就不会感觉到工作单调乏味，你就会喜欢你所从事的工作，从而让你做起事来充满活力，对自己的成功更加有信心。

　　所以说，一个能够自我实现的人应该把兴趣与职业有效地融合，做在其中，乐在其中。

　　一个能够调节自我的人，是不会觉得自己的追求是一种痛苦，因为他知道不要让自己的生活太安逸，应该时常保持勤奋进取的精神境界，才能获得人生的成功。

　　推动我们成长的非智力因素方面较多。 有的表现为社会责任感、理想和志向顺应时代潮流；有的表现为个人心理和人格特征，如有志气、有恒心、有毅力、不自卑、在成绩面前永不止步；还有的表现为人生道路上的机遇。

名人的成长道路可以说几乎没有一个是一帆风顺的，他们在成长的道路上，都曾付出了艰辛的努力。在他们看来，在文艺和科学上卓有成就的人，并不都是智力优秀者。这与其本人主观上的艰苦奋斗、勇于克服困难是分不开的。在成长的道路上，重要的是对自己的学识、才能、特点有清醒的自我意识，努力争取使主客观条件相契合。实践告诉我们，这有利于我们成为为理想付出心血的实干家。

当勤奋成为一种习惯

1. 找出隐藏的时间

（1）善用等候与空当时间

去拜访客户的时候拿一本书，这样你就不必在等待的时候懊恼和沮丧。不管在什么地方，只要是有可能存在时间误差的情况，你都应该提前准备点什么东西带去，可以是任务，也可以是一本小说。

安妮·索恩是一名总裁助理，她总是在车里放一把用来拆信的刀子，开车时便会带上一沓信件。每当车子需要等红灯时，她就利用这个时间来看信。她说里面有一半的信件都是无用的，她只是做个简单筛选。等她到达办公室的时候，她只要把那些垃圾信件丢掉，留下有价值的就好了。

即使你是一个很注重效率的人，也会遇到让你等待的人和事，这些不是你所能掌控的。你可能错过地铁和公交车，但是你是否想过这个问题：那些成功人士此刻在做什么？ 他们在看书，写点东西，检查一下信件，打电话部署，或者修改工作报告。

（2）比赛节省时间

凯西在佐治亚公司上班，这是一家办公室用具公司，生意做得相当成功。 她在工作中有一个诀窍："我进办公室第一件事就是看收件箱，并将所有文件依重要性、难易度分类，在心里规定每一件事情完成的时间，尽量在仅有的时间内完成需要做的每一件事。 通常情况下，我最后所做到的事情要比计划的多得多。"

许多优秀运动员的成功也与时间有很大关系。 他们的竞争对手不仅有其他运动员，也有他们自己。 这是他们最重要也是最难对付的对手，他必须超越先前的自己，并在有限的时间内尽可能提高自己的技能。

在这场节省时间的比赛中，每个人只要参与就是赢家，那些躲得远远的人，注定不可能优秀。

（3）善用杠杆的力量：想办法偷懒

历史上的伟大发明家，他们的原始意图是什么？ 其实不过是为了寻找一些比较简单有效的做事方法。 爱迪生在当电报操作员时被炒了鱿鱼，原因是他发明了一种可以在工作的时候偷懒打盹的装置。 世界知名的汽车制造商亨利·福特发明了各种简化工作的装置。 他在工厂装上输送带，以使工人省去来回取零件的时间。 之后他又发现装配线太低使得工人弯腰工作，这样更容易使人感到疲劳而且不够安全，于是他改进了装配线，将它们提高了20厘米。 就是这样简单微小的改变，却大大提高了工厂的生产力。

原始社会的人们依靠自己的力量单打独斗，最终不能获得长久的生存。 据人类学家的研究，他们中的成人平均能量还达不到一匹马的10％。 如今的人类之所以保全到现在而不畏疾病和灾害，是因为他们懂得开发自己的能量，用一些窍门来提高社会的生产水平。而造物主眷顾这样的人和社会。

不要认为偷懒都是应该被否定的，当一个懒汉这样问自己："有没有更简单的方法呢？"他可能正在构思一项伟大的计划。要知道，忙碌并不等同于效率。一个企业职员的白日梦可能产生很大的生产力。

一个过于忙碌的人不会有时间思考他所做的事也许会有更加有效的方法来完成。如果你想让自己更轻松一点，那么降低一下工作量，花时间去反省你刚刚完成的工作。"我这样做有意义吗？""如何才能花更少的时间做得更好？"当然你所思考的内容应该包括如何与他人更好地合作，以及你对现有资源的利用状况。

当你把注意力的一小部分拿出来放在其他领域，你会发现它们对你目前所从事的事同样有影响。只在自己的小领域里做研究，得出的结论必定是狭隘的。那么，你应该为自己争取更多的时间来学习其他知识或者他人做事情的窍门。不然的话，永远不可能产生什么新办法。

当你肯花时间思考问题的时候，你解决问题的能力也会随之提升。相信你的大脑吧，它真的力量巨大。实际上，那些新技术的产生几乎全是建立在已有观念和技术的基础上，发明家们只是把它们重新排列组合。汽船就是罗伯特·富尔顿将蒸汽引擎和造船技术结合在一起而制造出的。有点你应该想到，他应该是对两种已存在的技术都有了解，不然便无法将它们融合。当然，最主要的是，他拿出时间来思考了。

作曲家狄米奇·肖斯塔科维奇曾被问到为什么他作曲的速度这么快，他的回答是："因为我已经思考很久了。"

2. 养成良好的习惯

你一定听到过这样一句富有震撼力的话：习惯形成性格，性格决定命运。 因此，如果你想取得成功，千万不要忽视习惯的力量。 当然，事实上思考能力一般的人就完全可以认识到这一点。 但糟糕的是，人们往往让习惯阻碍了进步，而不去想办法发挥它的真正作用。 一旦坏的习惯养成，它就会像一个残暴的君主一样强迫你去做你并不希望发生的事，但是你又没有力量去违背它，那你就只有牺牲自己的意愿。 你不应该任由邪恶势力摆布，而要学会控制和利用它。 去支配你的习惯，让它为你的成功服务，而不要忍着抱怨成为它的奴隶。

心理学家给了我们一个肯定的答案，习惯是完全可以被指挥和利用的，我们应该避免被习惯阻碍，良好的个性和成功的行动得益于好习惯。 已经有很多人让这个答案得到证实，发挥了习惯的强大功能。

也许你要经过的一片草地并没有路，你每从那里经过一次，这条路就会明显一些。 这就如同我们的习惯，习惯就是通往你心灵的路径，我们当然都希望这条路径是顺畅没有阻碍的。 当你经过一片森林，你一定会选择最干净清晰的小路通过，因为那是被很多人走过的一条道路，已经被踩得相当结实了，方向也更加明确。 没有人会愚蠢到从杂草丛穿越。

简单地说，习惯就是由一次次的重复创造出来，并付诸外在的表现形式。 一个人开门的动作、与人交谈的方式，以及处世技巧的养成，这些事情无论事关紧要还是无足轻重，都受到习惯的影响。 即使是一张无生命的纸，你把它多次折叠，也会出现明显的痕迹，并且不会自动复原。 手套被长时间戴着，也会变旧变破。 水总是聚在低洼的地方，并且会越积越多。 关于习惯的法则处处可见。

现在你应该清楚习惯到底有怎样的重要性，那么，请用它来改进自己，完善自己。记住这一点：清除坏的习惯，培养好习惯，这是对习惯最好的利用方式。旧的习惯也许在你身体里存在已久，一时半会儿难以把它赶走，那么，用新的好的习惯来替代它，它便会站不住脚，垂头丧气地离开。

要相信新生事物所具有的强大生命力，好的习惯一旦养成，你的每一次行为都会强化它。当你的这条心灵路径变得又深又宽，你在上面行走起来的感觉一定也是十分舒适的。

勤能补拙是良训

勤能补拙，只要你勤奋努力，就一定可以创造奇迹。恒心、毅力是你通往成功的法宝，可以帮助你做别人无法完成的事情。巴凯特的故事告诉我们不要向困难低头，要通过自己的不懈努力去完成别人无法完成的任务，这样你就会成为生活的强者。

巴凯特不满 10 岁的时候，由于一次意外，失去了双臂，还变成了一名孤儿。但他并没有放弃自己，他相信自己一定可以做得很好，别人能做的，他也一定可以。巴凯特很喜欢画画，于是他开始练习用双脚代替双手画画，他每天都坚持用脚画画，而且还用脚做了许多应由手完成的事情。就这样，经过十几年的练习，他的双脚灵活极了，可以做许多常人的双脚无法做的事情。

他一直没有放弃过自己的理想，他知道纪雷是法国的一位有名的画家，巴凯特很想向他学习，可当时的状况并不允许他见到纪雷。

一个偶然的机会，巴凯特听说当地最高级的宾馆要举行一次宴会，纪雷是应邀的嘉宾之一。巴凯特不想错过这次难得的机会，于是他就在宾馆的外面一直等候。功夫不负有心人，巴凯特终于等到了纪雷。身材矮小的巴凯特迅速地跑到纪雷面前，向他深深一鞠躬，请求他收自己做徒弟。

纪雷被巴凯特的举动惊住了，当他缓过神来打量眼前这位缺了两只手臂的残疾人时，他犹豫了一下，最终拒绝了巴凯特的请求，他说道："我很想收你为徒，但你的实际情况似乎并不方便画画。"

巴凯特并没有灰心，而是信心十足地说："不，先生，我虽然没有双手，但是还有两只脚啊！我用脚照样可以画画的。"说完，他便坐在地上，用脚拿出纸笔，然后，把笔夹在脚趾中间，就这样画了起来。令人惊讶的是，虽然是用脚在画，但他画得相当好，这不是一天两天能够练出来的，而是经过长时间的磨炼才能达到的。所有的人都惊呆了，纪雷也不例外，也被他的行为深深打动了，并为他的精神喝彩。纪雷很满意巴凯特的画，认为很有思想，巴凯特一定是个可塑之才，他马上决定收巴凯特为徒弟，并介绍他认识了很多著名的画家。在纪雷的悉心教导之下，巴凯特更加努力地作画，没用几年的时间，他便取得了非凡的成就。

人与人之间是有差异的，这种差异来源于后天种种因素的影响，包括环境、外界给予等，但不管怎么样，弥补差异的方法只有一个，那就是勤奋。 只要你够勤奋，多么大的缺陷都是可以得到弥补的。 因为勤奋能让你得到更多，积累更多。

能救你的只是你自己的奋斗

唐纳德认为妈妈是个了不起的女人。他爸爸因心脏病去世时，他才 21 个月大，哥哥 5 岁。妈妈虽无一技之长，又没有受过教育，却依然负起抚育两个孩子的责任。

唐纳德 9 岁时找到了一份在街上卖《杰克逊维尔日报》的工作。他需要那份工作是因为他们需要钱，虽然只是一点点钱。但是唐纳德害怕，因为他要到闹市区取报卖报，然后在天黑时坐公共汽车回家。他在第一天下午卖完报后回家时，便对妈妈说："我再不去卖报了。"

"为什么？"她问道。"你不会要我去的，妈妈。那儿的人粗手粗口非常不好。你不会要我在那种鬼地方卖报的。"唐纳德答道。

"我不要你粗手粗口，"她说道，"人家粗手粗口，是人家的事。你卖报，不必跟他学。"

她并没吩咐唐纳德该回去卖报，可是第二天下午，唐纳德照样去了。那天稍晚时候，唐纳德在圣约翰河上被吹来的寒风冻得要死，一位衣着考究的女士递给他一张 5 美元的钞票，说道："这足够付你剩下的那些报纸的钱了。回家吧，你在外面会冻死的。"结果，唐纳德做了他确信妈妈也会做的事——谢谢她的好心，然后继续待下去，把报纸全卖掉后才回家。他知道：冬天挨冻是意料中的事，不是罢手的理由。

等到唐纳德长大了以后，每次要出门时，妈妈都会告诫他："要学好，要做得对。"人生可能遇到的事，几乎全用得上这句话。

最重要的是，她教他一定要苦干。她说："要是牛陷在沟里，你非得拉它出来不可。"

"没有人会像奇迹一般出现前来救你。能救你的只有你的苦干和奋斗出头的决心。"天道酬勤，有多少付出才会有多少收获。只有不断地努力和奋斗，才能一步步走向美好。

只管去做，一步一个脚印

成事前必先成人，谋事前必先用人，所用之人不尽其事何来成事？

要成大事，关键是要看人的作用。勤者可成事，惰者可败事。这是不容置疑的！

俗语说"成事在人"，讲得的确有道理。成就一项事业，人是最根本的因素。你用什么样的态度来付出，就会有相应的成就回报你。如果以勤付出，回报你的，也必将丰厚。

所以，某种意义上讲"成事在勤"实不为过。所以，养成勤的习惯，对于每一个青年人来说都是必须的。

有人将人生比作一段旅程，是因为人生艰难曲折。人在旅途，目的不仅仅是游山玩水，还肩负着使命，所以要向前走，不停地走，一直走到人生的终点，体味人生的意义，无怨无悔地走完这段路。旅途上的食粮是勤奋。没有它，一个人不能在人生路上走很远，即使能走远，也是碌碌无为的，走了长的路，却依然两手空空。只有勤奋，才能走好人生的路，获得事业的辉煌。无论什么事，勤奋都可以让你做到。圣贤不是天生的，都是一步步的努力造就的。

古今中外，许许多多有成就的人，都是因为勤奋才从众多的人中脱颖而出，成为人们所佩服的人。

南宋的思想家和教育家朱熹，从小就立志当孔子那样的人。在他读书时，一天上午，老师有事外出，没有上课，学生们高兴极了，纷纷跑到院子里的沙堆上游戏、打闹。不大的天井里，欢声笑语，沸沸扬扬。这时候，老师从外面回来了。他站在门口，望着这群天真活泼的孩子"造反"的情景，摇摇头。猛然，他发现只有朱熹一个人没有参加孩子们的打闹，正坐在沙堆旁，用手指聚精会神地画着什么。先生慢慢地走到朱熹身边，发现他正画着《易经》的八卦图呢。从此，先生更对他另眼相看了。朱熹这样好学，很快成为博学的人。10岁的时候，他已经能够读懂《大学》《中庸》《论语》《孟子》等儒家典籍了。孟子曾说：人人都可以成为尧舜那样的人。当朱熹读到这句话时，高兴得跳了起来。他自言自语地说："是呀，圣人有什么神秘呢？只要努力，人人都能够成为圣人啊！"

世上之事，缺了一步步的踏实努力就会变得不易实现，如果有了勤，成功也就不会太难了。

伟大的劳动造就伟大的成功，而勤勉耕耘就会结出了丰硕的果实。司马迁从 42 岁时开始写《史记》，到 60 岁完成，历时 18 年。如果把他 20 岁后收集史料、实地采访等工作加在一起，这部《史记》花费了他整整 40 年时间。

《史记》的作者司马迁，他在其父司马谈死后第三年被任命为太史令。司马迁立志要写一部史书，通过网罗天下的旧闻轶事，考察事情的起始终末，"究天人之际，通古今之变，成一家之言"。司马迁如饥似渴地读国家珍藏的书籍，同时整理各种历史资料，目的只有一个——完成这部著作。

不久，司马迁开始写作了。他反复研究和比较历代的史料，也认真整理自己亲手调查来的事实。经过多年的努力，一部史料翔实全面、叙述生动感人的《史记》诞生了。它把从远古时代的黄帝至汉武帝时，几千年的历史全部记录下来，气魄宏大，被誉为"史家之绝唱，无韵之《离骚》"。

古今中外，许许多多有成就的人，都是因为踏实与勤奋，才从众多的人中脱颖而出，成为人们所佩服的人。我国数学家陈景润为了证明"哥德巴赫猜想"，日复一日、年复一年地沉浸在数学中，常常废寝忘食。法国作家福楼拜，他的窗口面对塞纳河，由于他经常勤奋钻研，通宵达旦，夜间航船的人们常把他房间的灯当作航标灯。他的学生莫泊桑，从 20 岁开始写作，到 30 岁才写出第一篇短篇小说《羊脂球》，在他的房间里可以看到草稿纸已有书桌那么高了。还有很多伟人的事例不胜枚举。

由此可见，年轻人一定要养成踏实勤奋的良好习惯，在一步步不懈的努力中靠近成功。

勤勤恳恳者永为第一

平凡的脚步也可以走出伟大的行程。

做一个勤奋又踏实的人并不难，难的是在这个过程中做出些成绩，多做一点别人不愿意干的事，多一点牺牲，多一点努力，这样才能成为一个受人尊敬的人。很多人遇到困境，都难免怨天尤人。其实，这是完全没有必要的事情，因为抱怨和不满不能改变任何事情。只有一如既往地勤奋和努力，才能减少这样的境况发生。很多人都认为别人的踏实和努力是很傻的行为，可是自己有没有想过，也许别人早就已经参透了其间的得失，而自己却是在犯傻呢。在评判别人的同时更应该做自我评判，这样才会获得更大的进步。

有些人会勤恳学习，用自己的奋斗和不懈努力成就伟大的人生；有人会兢兢业业地工作，好似心无杂念的"佛"。这样的境界需要多年的"修行"方能达到。任何事情都是有过程的，努力和勤奋也不例外。

道格拉斯在来到现在所在公司工作之前，曾经花了很长的一段时间学习和研究怎样使公司赚钱、用最便宜的价钱把货物买进。他在采购部门找到一个职位后就非常勤奋而刻苦地工作，千方百计找到最便宜的供应商，买进上百种公司急需的货物。道格拉斯所干的采购工作也许并不需要特别的专业技术知识，但他兢兢业业、勤勤恳恳地为公司工作，节省了许多资金，成绩是大家有目共睹的。在他 29 岁那年，也就是他被指定采购公司定期使用的约 1/3 的产品的第一年，他为公司节省的资金已超过 80 万美元。公司的副总经理知道了这件事后，马上就加了道格拉斯的薪水。道格拉斯在工作上的刻苦努力，博得了高级主管的赏识，使他在 36 岁时成为这家公司的副总裁，年薪超过 10 万美元。

故事主人公的这种对待工作的踏实与激情，不一定适用于每一个人，但在很多情况下，他的敬业精神是值得我们每一个人效仿的。所谓"敬业"，就是要敬重自己的工作。为什么呢？我们可以从两个层次去理解。低层次来说，敬业是为了对工作本身有个交代。而如果我们上升一个高度来讲，那就是把工作当成自己的事业，要具备一定的使命感和道德感。不管从哪个层次来说，"敬业"所表现出来的是认真负责，踏实勤勉，一丝不苟。

很多人都有这样的感觉：自己做事都为了老板，为他人挣钱，因此能混就混，认为即使亏了也是公家的，不用自己去承担，甚至还拿公司公共用品为私人服务——司机用公车办私事，秘书用打印机打印网络小说……这在某些公司已经成为普遍现象。可是，这样做对你自己并没什么好处。努力工作，表面上看是为了老板，为了公司，其实是为了自己。因为能从工作中学到比别人更多的经验，而这些经验便是你向上发展的阶梯，就算你以后换了地方，你的这种精神也会为你带来帮助。所以，把勤恳敬业变成习惯的人，从事任何行业都容易成功。

有这样的工作狂人，似乎不需要什么培训，私生活也很简单，任何工作一接上手就废寝忘食；但大部分人的敬业精神还是需要培养和锻炼的。让我们都审视一下自己，如果你发现自己的敬业精神不够，那就发挥自制力，以认真负责的态度投入到工作中去，经过一段时间后，你也会拥有这种好的习惯。

勤劳生活，敬业工作，或许不能立即为你带来好处，但可以肯定的是，散漫、马虎、不负责任地做事，一定不会有什么好结果。 这样的人就不要奢望成功了，能保住眼前的饭碗就已经不错。

一个连自己都管理不好的人，如何谈发展？这不仅仅是对工作态度的批评，也是对人格的嘲讽。 聪明的人、勤恳的人是不会给任何人这种批评和嘲讽自己的机会的，因为他们每一天都在努力，每一天都在守望着"第一"。

拿出 200% 的努力对自己

通向成功的最短途径就是毫无保留地努力追求自己所追求的事业。

天才的标志是他做每一件事时都愿意付出 200 % 的努力。 天才之所以被称为天才，也许一开始是因为先天的优秀，但是没有一个天才是不靠自身努力来捍卫天才的称号的。 正是因为有这份压力，才有这种加倍努力的动力，这种动力要求他做每一件事情的时候都竭尽全力并力求完美。 放眼全球，不管是什么领域，只要是达到了世界级水平的大师，都是对自己相当苛刻的人，因为他们明白，只有这样的苛刻才会带来辉煌的成功。

卡罗斯·桑塔纳是一位世界级的吉他大师，他出生在墨西哥，7 岁的时候随父母移居美国。由于英语太差，桑塔纳在学校的功课开始是一团糟。有一天，他的美术老师克努森把他叫到办公室，说："桑塔纳，我翻看了一下你来美国以后的各科成绩，除了'及格'就是'不及格'，真是太糟了。但是你的美术成绩却有很多'优'，我看得出你有绘画的天分，而且我还看得出你是个音乐天才。如果你想成为艺术家，那么我可以带你到圣弗朗西斯科的美术学院去参观，这样你就能知道你所面临的挑战了。"

几天以后，克努森便真的把全班同学都带到圣弗朗西斯科美术学院参观。在那里，桑塔纳亲眼看到了别人是如何作画的，深切地感到自己与他们的巨大差距。

克努森先生告诉他说："心不在焉、不求进取的人根本进不了这里。你应该拿出 200% 的努力，不管你做什么或想做什么都要这样。"

克努森的这句话对桑塔纳影响至深，并成为他的座右铭。

2000 年，桑塔纳以《超自然》专辑一举获得了 8 项格莱美音乐大奖。

一个人若想有所成就，一定要投入心血付出努力。相信自己的选择，不间断地努力，你觉得怎么做是正确的就去怎么做，这样你的人生才会拥有意义。至于要怎么努力，你把眼光放远一点，想想十年后的事，或者去看看已经比你强的人在做什么，你就知道要怎么努力了。

一个人倘若对待自己都马马虎虎，能省就省，那么对待别人的时候可想而知会让人多么担心了。这样的人也容易失去别人的信任。无论是谁，都应该先学会拿出全部的精力对自己。

人生中任何一种成功和收获，大多来自勤奋努力。这是一种无形的资产，可以给人以无穷的力量。 不管是多么有天赋的人都不能跨过努力直接获得成功，勤奋努力是通往成功的桥梁。 而且勤奋是可以感染周围的人的，自然而然地，你的勤奋也会得到别人的认可，那么当你获得成功的时候，每个人对你都是心悦诚服的，而不是嫉妒或者其他。

一个普通的灵魂，在勤奋努力的火中燃烧，才有可能发出夺目的光芒。 每一天，我们都应该问问自己：今天努力过了吗？

"勤奋"描绘人生蓝图

要创造成功人生，就要对自己的生命负责，勤奋努力就是最好的表现方式。

达·芬奇说过这么一句话："勤劳一日，可得一夜安眠；勤劳一生，可得幸福长眠。"杜甫也说过："高贵必从勤苦得，男儿须读五车书。"

生命中最宝贵的品质是勤奋。 不光是身体上的勤奋，更是精神上的勤奋。 勤奋靠的是毅力，更是坚持。

毕业于西点军校的艾森豪威尔将军是西点学员勤劳的典范。

艾森豪威尔毕业后曾在美国第一军团任参谋长。1941年，陆军参谋长马歇尔打算对参谋部做一些人事变动，希望克拉克推荐 10 位军官，想从中挑选一人出任作战计划处副处长。克拉克回答说："我推荐的名单上只有一个人的名字，如果一定要 10 个人，我只有在此人的名字下面写上 9 个'同上'。"毫无疑问，这个人就是艾森豪威尔。

那么他缘何能受到克拉克将军的如此器重呢？原来，在作战处，艾森豪威尔不仅能力出众，而且十分勤奋。他出色地完成了《欧洲战区总司令之指令》，成为他一生军事的转折点。

不可否认，一个人的进取和成才，固然受到环境、机遇、天赋、学识等外部因素的影响，但更重要的是依赖于自身的勤奋与努力。缺少勤奋的精神，哪怕是天资奇佳的雄鹰也只能空振羽翅、望洋兴叹。有了勤奋的精神，哪怕是行动迟缓的蜗牛也能雄踞塔顶，观千山暮霭，渺万里层云。

鲁迅先生说过："伟大的事业同辛勤的劳动是成正比例的，有一分劳动就有一分收获，日积月累，从少到多，奇迹就会出现。"

用勤奋的精神做小事，首先应该是一种持久。人们下定了决心要去做事情的时候，首先应当有的，就是持久的精神。只有抱有这种态度的人，他的勤奋才不是三天打鱼两天晒网式的，他的勤奋才能如铁杵成针，水滴石穿一样，是颇有成效的。世界上的任何事情，都不是轻而易举所能完成的，尤其是为人们所追求的目标、成就或真理，无不以巨大的代价来换取，而这代价中最为重要的就是持久的时间，一种永不放弃、永不松懈的精神状态。

用勤奋的精神做小事是一种扎实的工作态度。只有扎扎实实、脚踏实地地往前走，才算得上是一种正确的生活态度。正如富兰克林说过的一句话："没有任何动物比蚂蚁更勤奋，然而它却最沉默寡言。"

浮光掠影式的学习与工作，不论付出多少的时间，有多么勇往直前、永不低头的态度，也不可能取得成功，只能算作蛮干而已。就像一个建筑工人要盖房子一样，应该认认真真地打地基，将墙筑得严密而有秩序，而绝不是把砖头东摆一块，西摆一块。 那样的房子，说不定在没盖好之前就会塌掉，如果那工人倒霉，说不定连命也会送掉。

但凡伟大的人，无不具有一种名叫"勤奋"的天赋，该天赋是其他天赋的前提。 如果说智慧是一种可贵的天赋，那么勤奋这种天赋的可贵是远胜于其他的。

人们的失败，往往不是智商太低或缺乏灵感，而是因为——他就是勤奋不起来。

勤奋源自执着，执着来自信念。 信念不等于理想，因为理想与幻想常常是同一个内容。 树立某种远大的理想，从来不能确保能成为伟大的人。 信念除非付诸实施，不然分文不值。 一个有信念的人，必然会有成就它的渴望，于是，勤奋成了信念的最佳成就方式。

为了信念而勤奋的人，会获得成功。 要想使得自己成功，就必须战胜懒惰，珍惜时间，做时间的主人。